ROLF REINICKE

NORDSEE FUNDE

DEMMLER VERLAG

ROLF REINICKE

NORDSEE FUNDE

DEMMLER VERLAG

Bibliographische Informationen
der Deutschen Nationalbibliothek:
Die Deutsche Nationalbibliothek
verzeichnet diese Publikation in der
Deutschen Nationalbibliographie.
Detaillierte bibliographische Daten
sind im Internet abrufbar unter:
http//dnd.ddb.de

Demmler Verlag GmbH
Rolf Reinicke
Nordseefunde
Texte, Fotos und Layout:
Rolf Reinicke
Zeichnungen und Lektorat:
Inge Reinicke
www.kuestenbilder.de

ROLF REINICKE
NORDSEEFUNDE
1. AUFLAGE 2010
ISBN 978-3-910150-85-0

An der Bäderstraße 7c
18311 Ribnitz Damgarten
www.demmler-verlag.de

Printed in Germany:
DZA Druckerei zu Altenburg GmbH
www.dza-medien.de

INHALT

STRANDFUNDE

Von Nordseewellen angespült

Dieses Buch ist für die vielen Strandwanderer bestimmt, die an den Stränden der Nordsee suchen und sammeln – Muschelschalen, Schneckengehäuse, Seeigel, Seesterne, Bernsteine, Donnerkeile, Hühnergötter … Es geht hier also um so verschiedenartige Funde, wie sie auf dieser Seite zu sehen sind – um die besonderen Mitbringsel von einem Strandspaziergang, einer Wochenendtour oder einer Urlaubs-reise – um selbst gefundene Souvenirs. **Das ist ein Bestimmungsbuch für Laien**, nicht für Fachleute. Abgebildet und beschrieben sind die häufigsten und interessantesten Strandfunde an der Nordsee. Es bietet aber weder Vollständigkeit noch Fremdwörter. Für den, der mehr und Genaueres wissen möchte, gibt es eine Reihe anderer Bücher (siehe Seite 111).

Mit diesem Buch lassen sich die meisten der Strandfunde von der deutschen, dänischen, niederländischen, britischen und norwegischen Nordseeküste sowie von Skagerrak und Kattegat bestimmen. Außerdem soll es der Freude an diesen schönen Dingen dienen.

An keinem der vielen Strände wird man alle hier abgebildeten Dinge zusammen finden. Jeder einzelne Strandabschnitt der Nordsee hat seine besonderen Funde. So stehen beispielsweise die muschelreichen aber steinfreien Strände am Wattenmeer sehr im Gegensatz zu den „steinreichen" im Norden von Jütland. Als Gezeitenzone wird jener Bereich bezeichnet, der bei Ebbe trocken läuft.

Das Buch enthält auch Hinweise, wo man das hier Abgebildete finden kann. **Es sind ausschließlich Funde, die am Strand aufgesammelt wurden.** Viele kann man einfach in die Tasche stecken und so mit nach Hause nehmen. Einige muss man vorher trocknen. Dabei tritt bei manchen (z. B. bei Schnecken, Seesternen und Krabben) ein recht strenger Geruch auf, der aber später (vielleicht) nachlässt. Jeder Strandwanderer kann selbst entscheiden, wie er mit seinen Funden umgeht.

Die meisten der in diesem Buch abgebildeten Funde wurden nicht am Strand, sondern auf neutralem Grund arrangiert und fotografiert. Damit man die Größe der Fundstücke sofort erkennt, haben fast alle Arrangements (so auch dieses) ungefähr gleiche Größe: Ihre Breite beträgt etwa 60 Zentimeter.

In diesem Buch geht es ausschließlich um Funde vom Nordseestrand. Ein Teil der hier abgebildeten und beschriebenen Reste von Meerestieren kommt auch in der Ostsee vor. Speziell dafür gibt es in dieser Buchreihe die „Funde am Ostseestrand“.

FUNDE VOM NORDSEESTRAND

REICHE NORDSEE

Vielfalt von Meeresorganismen

Die Nordsee ist Teil der Weltmeere, ein Randmeer des Atlantiks. Ihr Wasser ist fast überall so salzig wie das der Ozeane. In diesem **Salzwasser** der Nordsee gedeihen Meeresorganismen viel besser als in der Ostsee.

Während die Nordsee etwa 30 bis 36 Gramm Salz pro Liter Wasser enthält, sind es im westlichen Teil der Ostsee nur etwa 18 bis 20, weiter östlich nur etwa 8 bis 12 Gramm, im äußersten Nordosten noch weniger. Dieses **Brackwasser** bereitet vielen Tieren und Pflanzen große Probleme. Zahlreiche Bewohner des Meeres meiden es völlig – ebenso wie viele des Süßwassers. So kommt es, dass die Strandfunde an der Nordsee wesentlich vielfältiger sind als die an der Ostsee. Deshalb ist die Nordsee im vielfach angestellten Vergleich zur Ostsee tatsächlich ein „reiches“ Meer.

Jeder Strandwanderer merkt, dass an unterschiedlichen Stränden auch ganz unterschiedliche Reste von Meerestieren zu finden sind. Das liegt hauptsächlich an der Beschaffenheit des Meeresbodens unmittelbar vor den Stränden – also dort, wo viele der Organismen leben, welche die Funde liefern.

Auf oder im lockeren Sand- oder Schlickboden des Wattenmeeres und auf oder im Sandboden vor den Inseln – dem **Weichboden** – findet man andere Tiere oder Pflanzen als auf steinigem oder felsigem Untergrund – dem **Hartboden**. Diese unterschiedlichen Lebensräume sind ungleichmäßig verteilt. An der deutschen Nordseeküste überwiegen die Weichböden. Hartböden gibt es hier nur auf Helgoland.

Viele der Organismen leben in der Gezeitenzone, in jenem Bereich, der zeitweise trocken fällt. Sie werden also in ihrem Leben stark von Ebbe und Flut beeinflusst.

FUNDE VOM OSTSEESTRAND

MUSCHELN

haben ein Schalenpaar.

Muschelschalen sind die häufigsten Strandfunde. Mit den Schalen schützen Muscheln ihren Weichkörper. Das Schalenpaar wird mit Muskelkraft fest geschlossen. Wenn die Muschel „arbeitet", ist sie einen Spaltbreit offen. Über eine **Einströmöffnung** nimmt sie dann mit dem Wasser feinste Nahrungspartikelchen auf. Durch die **Ausströmöffnung** gelangt Verdautes mit dem Wasser wieder nach draußen. Bei manchen Muschelarten sind diese Öffnungen fleischige Röhren. Mit ihrem fleischigen **Fuß** können sich Muscheln in den Meeresboden eingraben. Manche „wandern" damit sogar ein kleines Stückchen.

Ein- und Ausströmröhren

Fuß

SCHNECKEN
haben ein Gehäuse.

Schneckengehäuse sind am Strand seltener zu finden als Muschelschalen. Viele Schneckenarten haben ein solches „Schneckenhaus“ (die Nacktschnecken natürlich nicht). Darin ist der Weichkörper gut geschützt. Manche Schnecken können dieses kalkige, feste Gehäuse sogar mit einem Deckel verschließen.

Sind Schnecken in Aktion, so kriechen sie (im Schneckentempo) auf einem fleischigem **Fuß**. Dabei „weiden“ viele Schneckenarten mit einem Organ, das wie ein Reibeisen arbeitet („Raspelzunge“), den Bewuchs (beispielsweise feine Algen) vom Untergrund ab.

ESSBARE HERZMUSCHEL

Sie ist in der Nordsee die häufigste aller hellschaligen Muscheln.

HERZMUSCHELN

Bekannteste Nordseemuscheln

Die stabilen Schalen von Herzmuscheln werden oft in großer Menge angespült. Das geschlossene Schalenpaar, nach dem die Muschel ihren Namen bekam, zeigt – wenn man es von der Seite betrachtet – die schöne Herzform.
Herzmuscheln leben nur wenig eingegraben massenhaft im sandigen oder schlammigen Bodengrund des Flachwassers, besonders häufig im Wattenmeer. Mit ihrem kräftigen Fuß können sie dort sogar umherkriechen.
Bei Herzmuscheln wie auch bei anderen hellschaligen Muscheln sind auffallende Abweichungen von der „Normalfarbe" der Schalen meist Ergebnis nachträglicher Verfärbungen.

Stabile Herzmuschelschalen können im Bodengrund viele Jahrzehnte, sogar Jahrhunderte überdauern und dabei mehrfach umgelagert werden. Geraten sie in Faulschlamm, so werden sie oft blaugrau verfärbt. Eine Lagerung in der Nähe rostender Eisenteile führt zu gelblichen oder bräunlichen Verfärbungen. Grünliche Verfärbungen entstehen durch Algen. Verfärbte Exemplare können durch Umlagerungen wieder an den Strand geraten und dort zwischen „frischen" Schalen liegen.

GROSSE HERZMUSCHEL

Sie ist viel seltener als die Essbare Herzmuschel und hat weniger, aber kräftigere Rippen, auf denen randlich (bei noch nicht abgerollten Schalen) kleine Stacheln sitzen.

KLAFFMUSCHELN
Die großen Weißen

SANDKLAFFMUSCHEL

Sie ist die größte aller hellschaligen Nordseemuscheln.

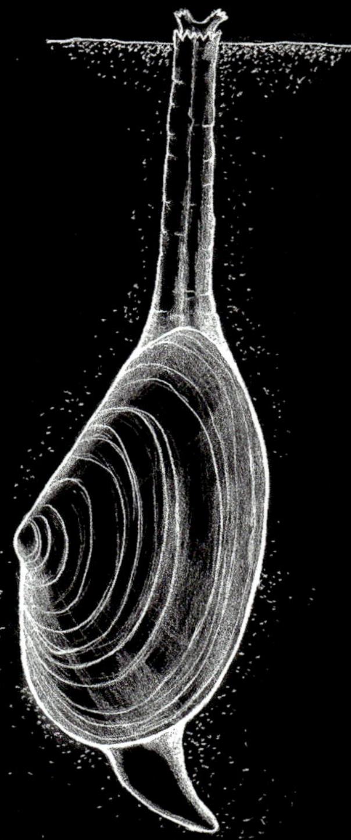

Klaffmuscheln leben bis zu 20 cm tief eingegraben im Sand oder Schlick des Flachwassers. Ihre langen Ein- und Ausströmröhren sind miteinander verwachsen und stecken in einer dünnen pergamentartigen Hülle.

Werden Klaffmuscheln bei schweren Stürmen ausgespült, so sind sie nicht in der Lage, sich wieder einzugraben. Dann kann es zu einem Massensterben kommen.

Beim lebenden Tier sind die Schalen von einer hauchdünnen graubraunen Schalenhaut überzogen. Bei den Strandfunden fehlt diese Haut meist schon. Deshalb erscheinen Klaffmuschelschalen oft papierweiß.

Die geschlossenen Schalen der Klaffmuscheln klaffen tatsächlich auch bei geschlossenen Schalen an einem Ende etwas auseinander (besonders bei der Gestutzten Klaffmuschel) – daher der Name.

GESTUTZTE KLAFFMUSCHEL

Sie ist deutlich seltener als die Sandklaffmuschel und zeigt häufiger die Reste ihrer dunklen Schalenhaut.

MIESMUSCHELN
Angeheftet auf festem Grund

Die dunklen Schalen der **Essbaren Miesmuschel** kennt jeder. Miesmuscheln leben nicht eingegraben im Meeresboden, sondern sitzen – meist dicht an dicht – angeheftet auf festem Untergrund, den sie manchmal selbst bilden: eine Muschel wächst auf der anderen. Daher gibt es auf den Weichböden des Wattenmeeres ausgedehnten „Muschelbänke“.

Den festen Sitz auf dem Untergrund garantieren dünne, elastische, sehnenartige Haftfäden, die von einer Drüse am Fuß ausgeschieden werden.

Die größeren Exemplare der blaugrauen Miesmuschelschalen besitzen oft einen dünnen schwarzen Überzug – die Schalenhaut. Das Innere der Schale zeigt nicht selten einen schönen Perlmuttglanz. Tatsächlich ist bei Miesmuscheln die für alle Muscheln typische Perlmuttschicht viel stärker ausgebildet als beispielsweise bei Herzmuscheln oder Sandklaffmuscheln. Manche der größeren Miesmuscheln zeigen beim genaueren Hinsehen sogar kleine Erhebungen auf der Perlmuttschicht – das sind winzige Schalenperlen, mit denen die Muscheln kleine Fremdkörper ummanteln.

ESSBARE MIESMUSCHEL

Sie ist in der Nordsee die häufigste der dunkelschaligen Muscheln.

PFERDEMUSCHELN

Die großen Miesmuscheln

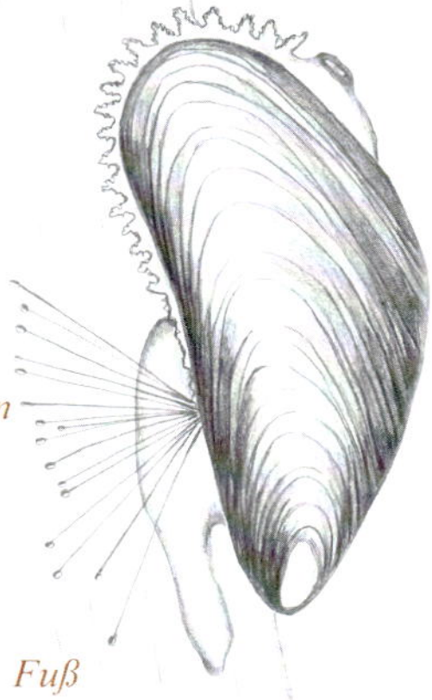

Die kräftigeren Schalen der **Pferdemuschel**, auch **Große Miesmuschel** genannt, haben eine dunkelbraune Schalenhaut, die beim Trocknen teilweise abplatzt. Darunter ist sie rotviolett und unterscheidet sich dadurch deutlich vom tintigen Blau der Miesmuschel. Pferdemuschelschalen sind wesentlich seltener zu finden als die von Miesmuscheln.

PFERDEMUSCHEL
Sie besitzt eine kräftigere, unregelmäßiger geformte Schale als die Essbare Miesmuschel.

Die hier abgebildeten Scheidenmuscheln stammen von verschiedenen Stränden an der deutschen und dänischen Küste. Sie gehören zu mindestens zwei verschiedenen Arten und besitzen außerdem auch noch unterschiedliche Wuchsformen und Schalenfarben.

SCHEIDENMUSCHELN
Die interessant Geformten

Die langen, schmalen, spröden Schalen der **Scheidenmuschel** sind stellenweise sehr häufig und bestimmen heute das Bild mancher Sandstrände an der Außenseite der Friesischen Inseln, an der offenen See. Sie erinnern in ihrer Form sehr an eine Schwert- oder Messerscheide. Sie werden deshalb auch als **Schwertmuscheln** bezeichnet.

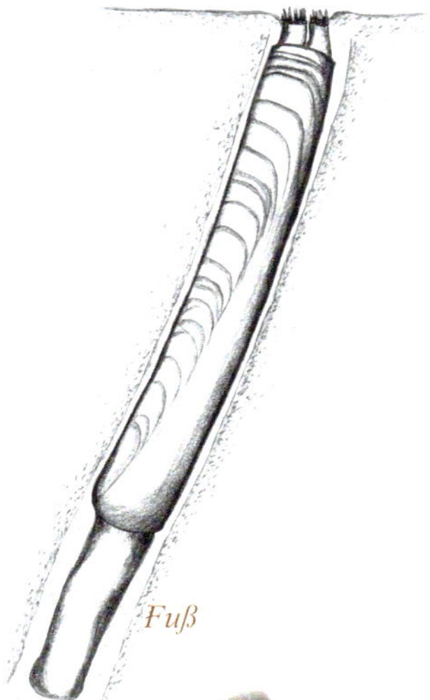

Bei den zwei in den Bestimmungsbüchern beschriebenen Arten **Schwertförmige Scheidenmuschel** (auch **Schwertförmige Messerscheide** oder **Gebogene Schwertmuschel** genannt) und **Amerikanische Scheidenmuschel** (auch **Gerade Scheidenmuschel** oder **Amerikanische Schwertmuschel** genannt) geht es anscheinend nicht nur mit den Namen oft durcheinander. Sie sind auch für den Laien recht schwer voneinander zu unterscheiden. Deshalb wird hier auf eine Unterscheidung verzichtet – **Scheidenmuschel** ist immer richtig.

Scheidenmuscheln leben, so wie es die Zeichnung zeigt, im lockeren Sand eingegraben. Dabei siedeln sie sehr dicht – bis zu 400 Exemplare pro Quadratmeter! Bei Stürmen werden sie oft in Massen ausgewaschen und auf den Strand geworfen.

SATTELMUSCHEL
„Zwiebelschale“
*vergrößert – Die dünnen glänzenden Schalen sehen aus wie kleine bunte Austern, sind aber **keine Austern**.*

AUSTER
*Die dunklen Schalen wurden im Meeresboden verfärbt. In den siebartig durchlöcherten Exemplaren hat der **Bohrschwamm** gearbeitet.*

AUSTERN
Die bizarr Geformten

Die unverkennbar geformten Schalen der **Auster**, einer sehr populären Muschel, werden recht häufig an den Stränden ausgeworfen. Dabei gehören heute die großen Austernbänke an der deutschen Nordseeküste längst der Vergangenheit an. Durch schonungslose Nutzung sind sie verschwunden. Heute züchtet man sie im Wattenmeer. Auch an vielen Bollwerken kann man sie noch beobachten. Sie wachsen stets fest angeheftet auf hartem Grund.

Die am Strand gefundenen Schalen stammen fast immer von Tieren, die schon viele Jahrzehnte oder gar Jahrhunderte tot sind. Eingebettet in den Meeresboden überdauern sie die Zeit. Werden sie dann irgendwann ausgespült, so zeigen sich die „Lagerungsspuren". Oft sind sie stark verfärbt und sehen dadurch dunkelbraun oder gar schwarz aus.
Manche der hellen Schalen „frischer" Austern können auch die Reste von Mahlzeiten sein, die am Strand oder in dessen Nähe eingenommen wurden.

Schalenpaar einer Auster
Jede Auster hat eine mehr glatte und eine stärker berippte Schale.

ISLANDMUSCHELN
Die großen Dicken

Die handtellergroßen, stabilen, bauchigen Schalen der **Islandmuschel** zählen zu den besonders charakteristischen Strandfunden an der Nordsee. Sie haben eine dunkle, im trockenen Zustand leicht abblätternde Schalenhaut. Lagern die leeren Schalen lange Zeit im Bodengrund, so verlieren sie diese und werden kalkweiß, manchmal auch leicht rosa.
Islandmuscheln leben flach eingegraben im Sandboden der Flachwasserzonen. Ihr Name deutet darauf hin, dass sie besonders in kalten nördlichen Gewässern zu Hause sind.

ISLANDMUSCHEL

ASTARTEMUSCHELN
Die stabilen Flachen

Die Innenseite der Schalen von Astarte und Islandmuschel: Astarte zeigt sehr deutlich die Abdrücke der beiden Schließmuskelansätze und die sie verbindende Mantellinie. Beides ist zwar auch bei Islandmuscheln vorhanden, jedoch viel weniger gut zu erkennen. Sehr deutlich unterscheidet sich auch das Schloss dieser beiden Muschelarten.

Die **Astartemuschel** (kurz: **Astarte**) ähnelt mit ihrer meist noch anhaftenden dunklen Schalenhaut auf den ersten Blick sehr der Islandmuschel. Sie ist aber viel kleiner, längst nicht so bauchig und hat eine deutlich härtere, porzellanartige Schale.
In der Nordsee kommen drei verschiedene, einander ähnliche Arten von Astartemuscheln vor. Eine davon zeigt besonders kräftige Rippen. Alle leben sie eingegraben im sandigen Bodengrund. Man findet sie eher an dänischen Stränden.

Islandmuschel

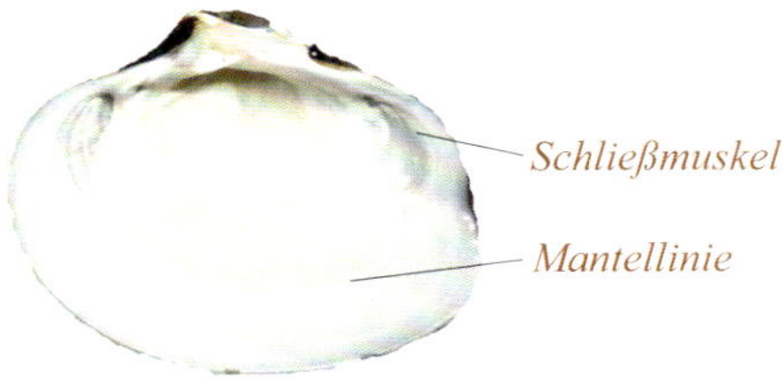

Astarte

ASTARTE

KAMMMUSCHELN
Die vielfarbigen Schönen

Die **Kammmuschel** erinnert in ihrer Form sehr an die bekannte **Pilgermuschel**, mit der sie nahe verwandt ist. Von den Kammmuscheln findet man nur hin und wieder einzelne Exemplare an den Stränden. Bei größeren handelt es sich nicht selten um schon recht alte Schalen. Ganz kleine gibt es häufiger auf Helgoland. Die hier abgebildeten Fundstücke gehören zu zwei verschiedenen Arten.
Wie die Pilgermuscheln leben auch die Kammmuscheln meist frei auf dem Meeresboden und können sich dort über kurze Strecken schwimmend fortbewegen. Andere (kleinere) heften sich mit Haftfäden am Untergrund fest.

KAMMMUSCHEL

STRAHLENKÖRBCHEN
Die besonders Gezeichneten

Die dünnen, leicht zerbrechlichen, glatten Schalen sind durch ihre schöne strahlige Zeichnung ganz unverwechselbar. Danach erhielten sie auch ihren Namen **Strahlenkörbchen** oder **Strahlenkorb** (andere Bezeichnungen: **Bunte Trogmuschel**, **Narrenkappe**). Sie leben meist in etwas tieferem Wasser, eingegraben im sandigen Bodengrund. Von der Schönheit ihrer Schalen ist also erst dann etwas zu sehen, wenn sie bereits gestorben sind.

STRAHLENKÖRBCHEN

VENUSMUSCHELN, TEPPICHMUSCHELN
Die interessant Gemusterten

Diese beiden Muschelarten, **Venusmuschel** und **Teppichmuschel**, haben sowohl eine charakteristische Form, als auch eine ganz besondere Zeichnung und Berippung. Man erkennt das recht gut an den hier vergrößert abgebildeten Schalen. (Schwierig wird es immer, wenn die Schalen abgeschliffen sind und die für eine Art typischen Merkmale verloren gehen.)
Auch diese beiden Arten leben eingegraben im Sand oder Schlick des Bodengrundes.

VENUSMUSCHEL

TEPPICHMUSCHEL

TROGMUSCHELN
Die charakteristisch Gefärbten

Man erkennt die Trogmuscheln am besten an ihrer besonderen Färbung und dem Streifenmuster. Die Zuordnung von Funden zu einer der beiden hier abgebildeten Arten von Trogmuscheln ist nicht ganz einfach – besonders dann, wenn man nur ein Exemplar gefunden hat. Denn nicht immer ist die **Gedrungene Trogmuschel** mit ihrer mehr dreieckigen Form von der etwas größeren **Ovalen Trogmuschel** gut zu unterscheiden.
Trogmuscheln leben, flach eingegraben, überwiegend im sandigen Bodengrund.

GEDRUNGENE TROGMUSCHEL

OVALE TROGMUSCHEL

SÄGEZÄHNCHEN UND ARTEMIS

Die leicht Erkennbaren

Diese beiden Arten **Sägezähnchen** und **Artemis** sind dann, wenn die Schalen noch nicht zu stark abgeschliffen sind, immer problemlos zu erkennen.

SÄGEZÄHNCHEN

unverwechselbar durch ihre feinen Zähne am Schalenrand

ARTEMIS

fast kreisrund mit porzellanartiger dünner Schale, oft mit bräunlicher Schalenhaut

PLATTMUSCHELN

„Rote Bohnen“ und Andere

Ihr Name weist auf ein besonderes Merkmal hin: ihre Schalen sind tatsächlich recht platt – dazwischen ist für den Weichkörper nur wenig Platz. Die „Rote Bohne“ fällt durch ihre intensive Farbigkeit sofort am Spülsaum auf.

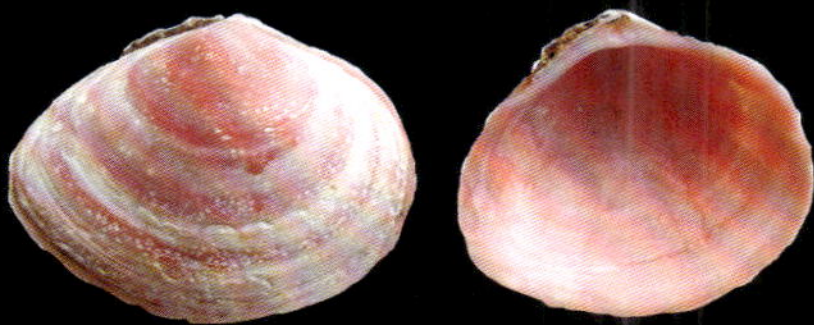

BALTISCHE PLATTMUSCHEL = „ROTE BOHNE“
auffallend intensiv rot, matt

ZARTE PLATTMUSCHEL
stark glänzend und besonders dünnschalig-zerbrechlich

GERIPPTE PLATTMUSCHEL
fein gerippt und ganz platt

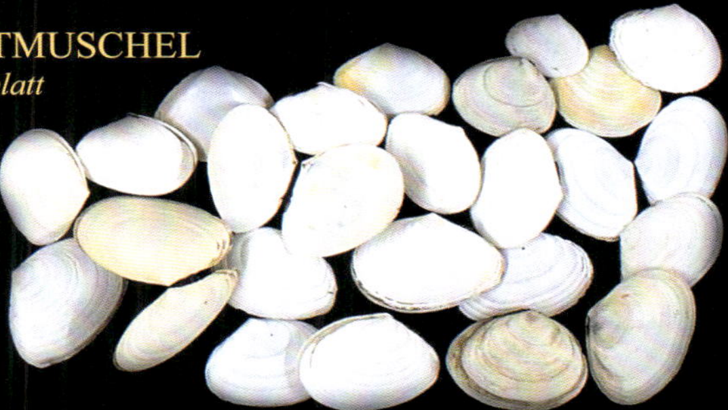

Vom **Schiffsbohrwurm**, der kein Wurm, sondern tatsächlich eine Muschel ist, gibt es keine Schalen am Strand. Nur die Spuren seiner Tätigkeit findet man recht oft – in Form völlig zerlöcherter Hölzer.

Schiffsbohrwürmer (auch „Pfahlwürmer“) sind wurmförmige Muscheln, die ihre Schalen stark zurückgebildet und zu winzigen Bohrwerkzeugen umgestaltet haben. Damit graben sie Gänge ins Holz, teilweise sogar in das sehr feste von Pfählen oder Buhnen und verursachen oft große Schäden. Das zerraspelte Holz wird verdaut. Die Grabgänge der bis zu 20 Zentimeter langen Muscheln werden mit einer „Tapete“, einer hauchdünnen weißen Kalkschicht ausgekleidet.

vom Schiffsbohrwurm zerbohrte Hölzer

SCHIFFSBOHRWURM („Pfahlwurm“)

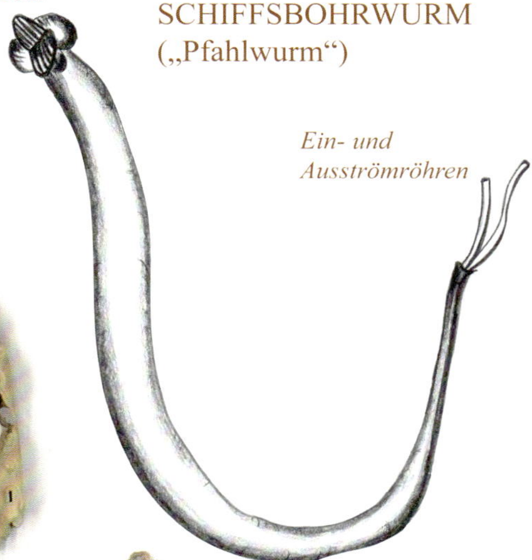

BOHRMUSCHELN
Die ungewöhnlich Tätigen

Mit ihren unverwechselbar geformten Schalen graben diese beiden Bohrmuschelarten **Amerikanische Bohrmuschel** und **Krause Bohrmuschel** in Holz, Torf, Mergel, Kreide und sogar in Kalkstein. Mit ihrem scharfen Schalenrand raspeln sie tiefe Gänge mit kreisrundem Querschnitt, die dem Durchmesser des Schalenpaares entsprechen – bei der Krausen Bohrmuschel können das mehr als fünf Zentimeter sein. Gerölle mit solchen Bohrlöchern sind besonders auf der Helgoländer Düneninsel zu finden.

*Die so geöffneten Schalen dieser Bohrmuschel werden gern als „**Engelsflügel**“ bezeichnet.*

AMERIKANISCHE BOHRMUSCHEL

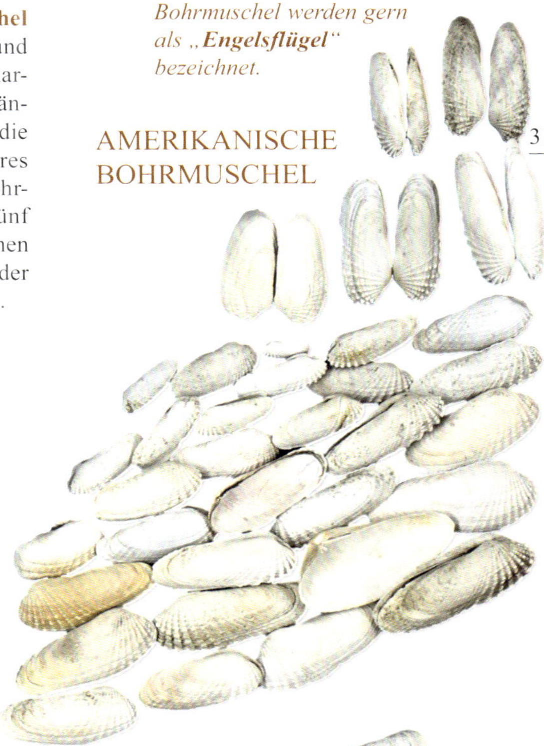

von Bohrmuscheln durchlöcherter Kalkmergel

KRAUSE BOHRMUSCHEL

WELLHORNSCHNECKE

Diese besonders gern gesammelten Schnecken erhielten ihren Namen von den wellenförmigen Rippen auf ihrem Gehäuse.

HORNSCHNECKEN
Die schönen Großen

Die Gehäuse der **Wellhornschnecke** zählen mit Sicherheit zu den beliebtesten Strandfunden. Wenn sie so selten am Strand zu finden sind, dann liegt es auch daran, dass angespülte Exemplare meist sofort aufgehoben und mitgenommen werden. Noch seltener ist das deutlich größere **Neptunshorn**.
Die sowohl auf Weich- als auch auf Hartböden lebende Wellhornschnecke ist ein Räuber und Aasfresser. Mit ihrem langen Rüssel, an dessen Spitze die Raspelzunge sitzt, gelangt sie auch an kaum zugängliche Stellen der Gehäuse anderer Schalentiere. Ist sie selbst in Gefahr, so kann sie ihr eigenes Gehäuse mit einem Deckel verschließen.
Recht häufig sind die leichten Ballen ihrer leeren, miteinander verklebten Eikapseln am Strand zu finden. Diese **Laichballen** bestehen aus einer chitinartigen Substanz.

Laichballen von Wellhornschnecken

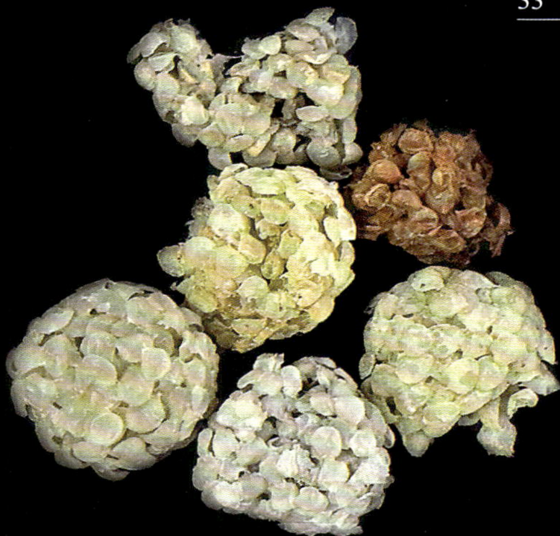

NEPTUNSHORN

Die größte aller Gehäuseschnecken der Nordsee ist ebenso schön wie selten. Sie hat auch andere Namen: Große Hornschnecke, Gemeine Spindelschnecke, Spindelhorn ...

Strandschnecken leben nicht auf dem Strand – wie der Name fast vermuten lässt – sondern vielfach in der flachen Uferzone, die bei Ebbe trocken läuft.

GEMEINE STRANDSCHNECKE

STRANDSCHNECKEN

Häufige Nordseeschnecken

Die robusten, dickwandigen Gehäuse der **Gemeinen Strandschnecke** findet man bei Ebbe oft dicht an dicht auf hartem Untergrund sitzend – manchmal über einhundert auf einem Quadratmeter – ganz in ihr Gehäuse zurückgezogen. So können sie lange Zeit ohne Wasserbedeckung ausharren.

Die meist deutlich kleinere **Stumpfe Strandschnecke** lebt dagegen eher auf großen Algen oder auf Seegras.

Betrachtet man die schönen Gehäuse der Stumpfen Strandschnecke genauer, so entdeckt man, dass sie nicht nur ganz unterschiedlich gefärbt, sondern auch ebenso vielfältig gezeichnet sind. Damit erinnert sie sehr an eine häufige Landschnecke – an die Garten-Schnirkelschnecke.

STUMPFE STRANDSCHNECKE

NETZREUSENSCHNECKEN

Kleine Schönheiten

Die kleine, bunt gefärbte **Netzreusenschnecke** ist mit ihrer kräftigen netzartigen Berippung ganz unverwechselbar, aber längst nicht so häufig wie beispielsweise die Strandschnecke. Die Netzreusenschnecken leben räuberisch an der Oberfläche des Meeresbodens.

NETZREUSEN-
SCHNECKE

KREISELSCHNECKEN
„Knöpfe“ aus Perlmutter

Wer der **Aschgrauen Kreiselschnecke** ihren Namen gab, hatte wohl wenig Sinn für Schönheit. Ihre Gehäuse zeigen jedenfalls eine wunderschöne Zeichnung. Sind sie ein wenig abgeschliffen, erinnern sie tatsächlich an Perlmuttknöpfe (daher auch „Friesenknopf“). Das liegt daran, dass die Perlmutterschicht, die auch jedes andere Schneckengehäuse besitzt, bei ihr besonders dick ausgebildet ist.
Aschgraue Kreiselschnecken leben auf Hartböden oder auf Tang und weiden dort feine organische Partikel ab.

ASCHGRAUE KREISELSCHNECKE „Friesenknopf“

PELIKANFÜSSE

Die gern Gefundenen

Diese besonders schön
Schneckenhäuser sind l
häufig wie es das Foto
scheint. Es gehört scho
dazu, einen Pelikanfuß
Turmschnecke zu finden
abgebildeten Exemplare
alle von Skagens Odde.

F

TURMSCHNECKEN
Die hohen Schlanken

Der eigenartig verbreiterte Mündungsrand verhalf ihnen zu ihrem Namen **Pelikanfuß**. So wie **Turmschnecken** leben sie meist eingegraben im Schlick oder Sand – die Gehäusespitze schräg nach unten. Nur wenn sie einmal auf dem Meeresboden kriechen, tragen sie das Gehäuse mit der Spitze schräg nach oben.
Die kleine **Wendeltreppe** gehört an der Nordsee zu den schönsten, aber auch besonders seltenen Strandfunden.

WENDELTREPPE

TURMSCHNECKE

PURPURSCHNECKEN
Die dickschaligen „Steinchen“

Von Purpurschnecken angebohrte und ausgefressene Muscheln und Schnecken – sie machen auch nicht vor ihren Artgenossen halt.

NORDISCHE PURPURSCHNECKE „Steinchen“

NABELSCHNECKEN

Am tiefen Nabel leicht zu erkennen

Die kleinen, sehr dickschaligen Gehäuse der **Purpurschnecke** erinnern, wenn sie stark abgeschliffen sind, tatsächlich an helle **Steinchen**. Deshalb werden sie manchmal auch so genannt. Als Raubschnecke lebt die Purpurschnecke von anderen Muscheln und Schnecken, deren Gehäuse sie anbohrt und dann mit ihrem Rüssel leerfrisst. Die kleinen kreisrunden Löcher, die man auf vielen Schalen/Gehäusen am Strand findet, sind meist ihr Werk. Aus einer Drüse ihres Weichkörpers wurde früher Purpurfarbstoff gewonnen.

Die kugelige **Nabelschnecke** ist eine kleine Art der Mondschnecken und hat eine viel dünnere Schale als die Purpurschnecke. Besonders charakteristisch ist der tiefe Nabel an der Mündung, den man auch dann noch erkennt, wenn die Schale etwas abgeschliffen ist. Auch sie lebt räuberisch. Sie bohrt besonders Muscheln an und frisst sie leer.

NABELSCHNECKE

NAPFSCHNECKEN
Die harten „Felsbuckel“

Die besonders geformten, ganz individuell gezeichneten **Napfschnecken** leben auf Hartboden, auch in der Gezeitenzone. Man entdeckt sie also bei Ebbe oft als kleine Buckel auf trockengelaufenem Fels. Bei Flut kriechen sie weidend in der Umgebung umher, kehren aber bis zur Ebbe wieder an ihren Platz zurück, an dessen Form ihr Gehäuserand exakt angepasst ist. Deshalb sitzen sie auch so fest auf ihrer Unterlage.

GEMEINE NAPFSCHNECKE

HÄUBCHEN-SCHNECKE
sehr zarte, nur zentimetergroße Näpfchen

PANTOFFELSCHNECKEN
Die außergewöhnlich Geformten

Die Gehäuse der **Pantoffelschnecken** haben eine zwar sehr variable, aber doch immer unverkennbare Form mit eher unauffälliger Außen(Ober)seite und glänzender Innen(Unter)seite, die an einen Pantoffel erinnert. Pantoffelschnecken sitzen (meist drei bis fünf Tiere übereinander) fest auf hartem Untergrund – auch auf den Schalen anderer Schnecken oder Muscheln.

PANTOFFELSCHNECKE
Lebend sitzen oft drei bis fünf Tiere übereinander.

WATTSCHNECKEN

Wie Sand am Meer

Sie sind die weitaus häufigsten aller Schnecken an der Nordseeküste. Die **Wattschnecken** gibt es besonders in flachen Schlickwattbereichen – bis zu 100 000 pro Quadratmeter sollen es dort sein. Sie leben sowohl flach eingegraben im Schlick, als auch weidend auf dem Boden. Die winzigen, maximal acht Millimeter großen, durchscheinenden Gehäuse werden oft in Massen an den Spülsäumen ausgeworfen. Man muss aber genau hinsehen, um die einzelnen Exemplare überhaupt zu erkennen.
Das große Foto zeigt einen charakteristischen Spülsaum am Vorland eines Deiches am Wattenmeer. Er besteht fast nur aus den zarten Gehäusen der Wattschnecken.

GEMEINE
WATTSCHNECKE

STRANDKRABBE

STRANDKRABBEN

Die achtbeinigen „Dwarslöper"

Sie gehören zu den populärsten Nordseetieren. Auf ihren vier Beinpaaren laufen **Strandkrabben** ziemlich schnell am Meeresboden und zwar zur Seite hin, auf plattdeutsch „dwars" – daher ihr Name „Dwarslöper".

Strandkrabben sind sowohl auf sandigen, als auch auf steinigen Bodengründen zu finden. Sie leben gern zwischen Steinen, Seegras oder Tang. Man entdeckt sie zwar im ganz flachen Wasser und bei Ebbe im trockengelaufenen Watt, aber kaum lebend auf dem Strand. Strandkrabben gelten als „Allesfresser", die mit ihren beiden kräftigen Scheren auch problemlos Schalentiere gleicher Größe „knacken" können.

Was man am Strand findet, sind meist keine toten Krabben, sondern nur **Häutungshemden**. Wie viele andere Krebstiere häuten sich auch die Strandkrabben während ihres Wachstums. Sie tun das fünfmal. Dabei platzt der zu klein gewordene Chitinpanzer, das Tier schlüpft heraus und die Hülle bleibt zurück.

Während tote Krabben beim Trocknen äußerst streng riechen, sind diese Häutungshemden praktisch „geruchsneutral" und als Urlaubssouvenir problemlos – leider nur sehr zerbrechlich.

Oft findet man nur die schön gezeichneten **Rückenpanzer** der Strandkrabben. Sie zählen zu den besonders dekorativen Strandfunden. Denn jedes Exemplar ist anders gezeichnet, unterscheidet sich in Farbe und Dekor. Allerdings sind die getrockneten Rückenpanzer ebenso zerbrechlich wie die Häutungshemden.

Rückenpanzer von Strandkrabben

Die zerbrechlichen Reste der grazilen **Seespinne** kommen nur hin und wieder am Strand vor, denn sie sind im tieferen Wasser zu Hause. Dort lebt auch der **Taschenkrebs**. Seine am Strand gefundenen derben Rückenpanzer und die kräftigen Scheren sind meist nicht auf natürliche Weise dahin gekommen, sondern eher als die Reste menschlicher Mahlzeiten anzusehen.

NORDISCHE SEESPINNE
Häutungshemden und Rückenpanzer

TASCHENKREBS
Rückenpanzer und Scheren

RESTE VON KREBSTIEREN
Seespinnen, Taschenkrebse und Seepocken

Die kleinen, weißen Kalkgehäuse der **Gemeinen Seepocke** sind häufig als dichter Bewuchs an Buhnen, Mauern und auf natürlichem Hartboden zu finden. Sie wachsen aber auch auf Treibholz, Steinen, Muschelschalen, Schneckengehäusen und Krabbenpanzern, die man dann mit diesem dekorativen Bewuchs am Strand finden kann. Ganz ähnlich, aber deutlich größer ist die **Große Seepocke** mit kräftigeren Rippen auf der Außenseite.
Seepocken ernähren sich, lebenslang auf ihrer Unterlage festsitzend, indem sie mit ihren feinen, kammartigen Rankenfüßen das Plankton aus dem Wasser fischen.

GEMEINE SEEPOCKE
Aufwuchs auf Muscheln und Schnecken

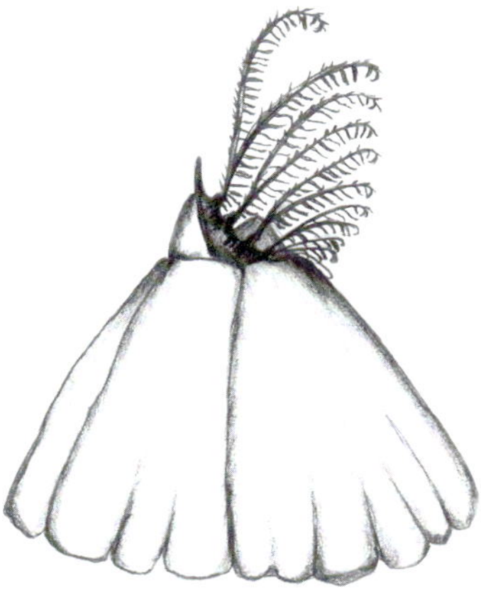

GROSSE SEEPOCKE
Einzelexemplare und Aufwuchs auf Muscheln und Steinen

GEMEINER SEESTERN

Der fünfarmige Körper eines Seesterns fasst sich sehr rau an. Das liegt an den zahlreichen stacheligen Kalkplättchen an seiner Oberfläche. Seesterne zählen wie die Seeigel zu den ***Stachelhäutern****, die ihren Weichkörper mit einem Skelett aus Kalkplatten schützen.*

SEESTERNE
„Wappentiere“ der Nordseestrände

„Gibt es denn gar keine Seesterne mehr?“ fragen viele Nordseeurlauber. Tatsächlich sind diese beliebten, überall abgebildeten Meerestiere im Sommer an den Stränden so gut wie nie zu finden. Doch irgendwann im Winter, nach schweren Stürmen, liegen sie dann doch wieder am Spülsaum. Der **Gemeine Seestern** wird bis zu 30 cm groß, die am Strand gefundenen sind immer viel kleiner.

Seesterne leben auch im Flachwasser, oft auf sandigem Grund, lieber aber auf Hartböden. Man kann die interessanten **Stachelhäuter** manchmal sogar beim Blick ins Wasser an Steinen, Pfählen oder Ufermauern beobachten. Mit hunderten winziger Saugfüßchen ist der Seestern nicht nur in der Lage, sich langsam fortzubewegen. Damit klammert er sich auch, wenn man ihn aufnehmen möchte, sehr fest an die Unterlage. So ist es erklärlich, dass Seesterne auch bei Sturm nicht so leicht losgerissen und am Spülsaum ausgeworfen werden.

Die langen feinen Arme der selten am Strand angespülten **Schlangensterne** sitzen an einer kreisrunden Zentralscheibe und brechen sehr leicht ab, wenn man sie aufhebt.

Findet man Seesterne, dann möchte man sie natürlich gern mit nach Hause nehmen und aufbewahren. Manche Seesterne sind aber, wenn man sie findet, noch nicht trocken. Das heißt: sie müssen konserviert werden. Am einfachsten ist das **Trocknen** – und genau das ist bei Seesternen eine Herausforderung. Weil bei der Trocknung an der Luft ein strenger Geruch (vorsichtig umschrieben) entsteht, sollte sie möglichst außerhalb geschlossener Räume erfolgen. Sobald die Seesterne trocken sind, lässt der Geruch nach. Werden sie nicht an der Sonne getrocknet, so behalten sie meist auch etwas von ihrer roten oder violetten Farbe.

SCHLANGENSTERN

SEEIGEL
Stacheltiere vom Meeresboden

STRANDSEEIGEL

ESSBARER SEEIGEL

Die meisten der hier abgebildeten Seeigelgehäuse haben bereits ihre Stacheln verloren.

Mit einem dichten Pelz beweglicher Stacheln bedeckt, sind die Seeigel recht häufige Bewohner von Hartböden. Die hochkompliziert gebauten **Stachelhäuter** sind dabei sehr beweglich. Die immer etwas grünlichen **Strandseeigel** (oder **Kleiner Strandigel**) gibt es im Angespül der Strände an Felsküsten am häufigsten. Dort leben sie bevorzugt im Flachwasser, auch in der Gezeitenzone.

Viel seltener zu finden sind die rötlichen oder rotvioletten Gehäuse der **Essbaren Seeigel**, die auch oft deutlich größer sein können und ebenfalls bevorzugt auf Felsböden leben, aber meist im tieferen Wasser.

Die **Papierseeigel,** auch **Herzigel** genannt, leben eingegraben im sandigen Bodengrund. Ihre haarfeinen Stacheln bedecken das papierdünne, extrem zerbrechliche, herzförmige Gehäuse wie ein dichter Pelz.

Auch die nur wenige Millimeter großen **Zwergseeigel** leben eingegraben. Man braucht gute Augen, um sie am Spülsaum zu finden.

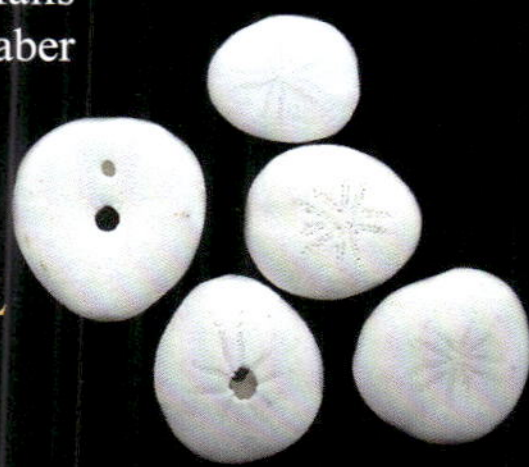

ZWERGSEEIGEL

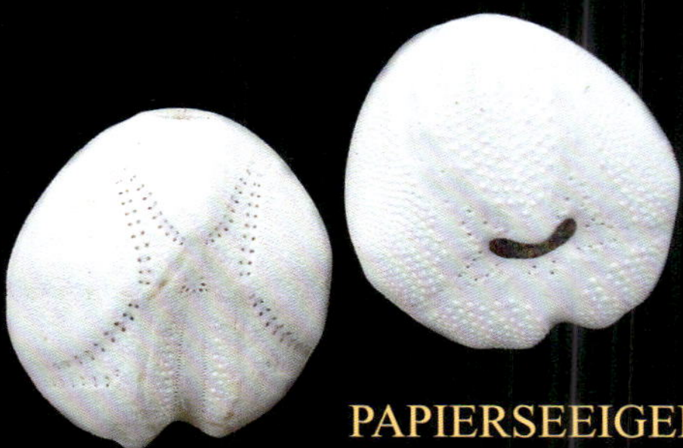

PAPIERSEEIGEL (HERZIGEL)

QUALLEN
Die Vergänglichen aus dem Freiwasser

Die glibberigen, zartblauen Gallertscheiben der **Ohrenquallen** treiben im Sommer oft in großer Menge in der Nordsee. Ihre Schirme können bis zu 35 cm im Durchmesser erreichen; sind aber meist viel kleiner. Ohrenquallen werden nur ein halbes Jahr alt. Sie entwickeln sich im Frühjahr aus Polypen und wachsen im Frühsommer heran. Wird das Wasser im Herbst kälter, so sterben sie ab und werden oft in Massen auf den Strand gespült. Dort, oder besser noch im ganz flachen Wasser vor dem Strand, bilden sie dann interessante Fotomotive – aber nur für kurze Zeit, denn sie „vergehen" sehr schnell. Ohrenquallen gehören zwar zu den Nesseltieren, sie nesseln uns aber nicht. Ihre feinen Nesselzellen können die menschliche Haut nicht durchdringen. Es ist also ungefährlich, solche Quallen zu berühren oder aufzuheben.

Im Gegensatz dazu sind die meist etwas größeren **Gelben Haarquallen** als „**Nesselquallen**" oder auch als „**Feuerquallen**" zu Recht gefürchtet. Ihre oft mehrere Meter langen, sehr feinen Fangfäden sind dicht mit Nesselzellen besetzt, die bei Berührung heftige Schmerzen verursachen, die sehr lange anhalten.

OHRENQUALLE
(blauviolett)
und
GELBE HAARQUALLE
(rötlich),
zusammengetrieben
im flachen Wasser eines
Ebbetümpels

SCHWÄMME
Eigenartige Meeresbewohner

Schwämme zählen zu den wenig auffallenden der am Nordseestrand angespülten Tiere. Es sind bemerkenswerte, aber wenig attraktive Sammelobjekte. Die vielästigen Körper der grauen **Geweihschwämme** werden bis zu 30 Zentimeter groß und haben eine durchaus interessante Form.
Das trifft für die im frischen Zustand gelblichen **Brotkrumenschwämme** weniger zu. Ihre bis faustgroßen, sehr unregelmäßig geformten Klumpen liegen, meist nach schweren Stürmen, am Spülsaum zwischen Seegras und Tang. Schon nach kurzer Zeit zeigen sie ein fahles, unansehnliches Grau. Brotkrumenschwämme wachsen gern auf Großalgen, bevorzugt auf dem zarten Meerampfer. Manchmal umhüllen sie auch Miesmuscheln.
Schwämme sind niedere Meerestiere mit einem sehr einfachen Körperbau. Sie haben weder Gewebe, noch Organe, besitzen keine Sinnes- oder Nervenzellen. Die beiden hier beschriebenen Arten sind **Hornschwämme**. Ihr Schwammgerüst besteht also aus einer hornartigen Substanz.

GEWEIH-
SCHWAMM

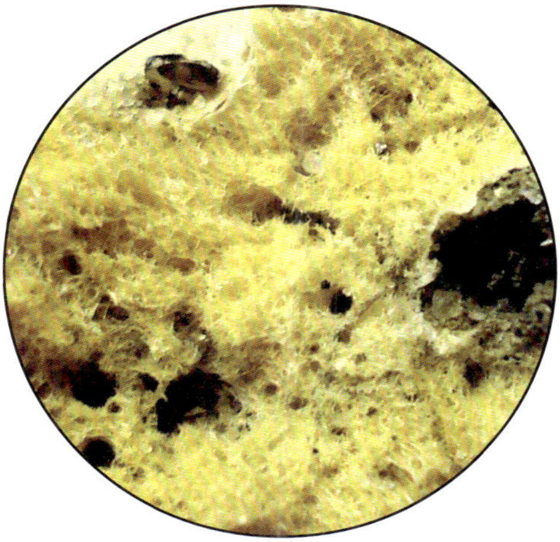

BROTKRUMEN-SCHWAMM

Seinen Namen erhielt dieser Schwamm von seiner unregelmäßig-porigen Struktur, die man nur beim Zerbrechen des Schwammkörpers erkennt und die sehr an die Porenstruktur von Brot erinnert. Das Foto im Kreis zeigt sie vergrößert.

MOOSTIERCHEN
Kolonien winziger Organismen

HYDROIDPOLYPEN

Ungewöhnliche Krusten und Büschel

Bei den hier dargestellten Strandfunden handelt es sich um die Kolonien niederer Tiere.
Zu den **Moostierchen** zählt die **Flache Seerinde**, die als helle, feinporige Kruste manche Tangblätter überzieht und die **Zottige Seerinde**, deren längliche, feinverzweigte Gebilde (im trockenen Zustand federleicht) als Büschel zwischen angespültem Tang liegen. Häufiger findet man dort die stabileren biegsamen Blattbüschel der **Blättermoostierchen**, die an dünnes Leder erinnern.
Auch einige **Hydroidpolypen** bauen ihre mikroskopisch feinen Hüllen aus einer hornartigen Substanz. Die im trockenen Zustand als raue, braune Kruste erscheinenden Kolonien der **Stachelpolypen** überziehen gern Schneckengehäuse, in denen Einsiedlerkrebse wohnen. Ebenso sind die allerfeinst verzweigten Büschel vom **Seemoos** die Bauwerke von Hydroidpolypen. Sie entfalten ihre grazile Schönheit erst getrocknet und kräftig aufgeschüttelt. Früher wurden sie sogar gesammelt, moosgrün gefärbt und bei der Herstellung „maritimer Souvenirs“ verwendet.

STACHELPOLYP
auf Schneckengehäusen

SEEMOOS

RÖHRENWÜRMER
Baumeister von besonderer Art

KÖCHERWURM

BÄUMCHEN-RÖHRENWURM

Es gibt unglaublich viele Meereswürmer, aber nur wenige Arten bauen sich eine mehr oder weniger feste Hülle. Am bekanntesten ist sicher der **Posthörnchen-Röhrenwurm**, dessen winzige weiße Kalkhörnchen oft auf Tangblättern zu finden sind.
Auch die verschlungenen Kalkröhren des **Dreikant-Röhrenwurmes** sind häufig am Spülsaum anzutreffen – meist als Bewuchs auf Muschelschalen oder Schneckengehäusen.
Der **Köcherwurm** „mauert“ sich eine kunstvolle, äußerst zerbrechliche Röhre aus exakt zusammengefügten Sandkörnern mit weißen Kalkfugen.
Der **Bäumchen-Röhrenwurm** klebt dagegen Sandkörner und feinsten Muschelschalenbruch wahllos auf eine elastische, unregelmäßig geformte Hülle. Beide Arten leben in der dargestellten Weise im Meeresboden. Ihre leeren Röhren findet man – meist nach Stürmen – am Spülsaum, die des Bäumchen-Röhrenwurms nicht selten in Massen.

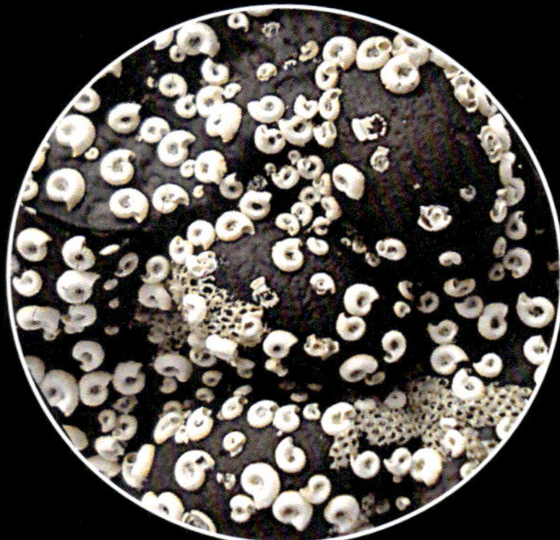

POSTHÖRNCHEN-RÖHRENWURM
auf Sägetang

DREIKANT-RÖHRENWURM
auf Muscheln und Schnecken

SCHULPE VON TINTENFISCHEN

Die eigenartigen Weißen

GEMEINER TINTENFISCH (SEPIA)

Schulpe vom GEMEINEN TINTENFISCH

EIHÜLLEN VON ROCHEN
Die leeren Kinderstuben

Die weißlichen, flachen, bis handlangen, porösen Kalkgebilde, die gar nicht selten an den Stränden gefunden werden, stammen von der **Sepia**, dem **Gemeinen Tintenfisch**. Diese leichten **Schulpe** bilden als Innenskelett auf dem Rücken des Tieres einen Stabilisierungs- und Auftriebskörper zugleich.
Die eigenartigen vierzipfeligen Gebilde aus einer schwarzglänzenden chitinartigen Substanz fallen am Strand sofort auf. Es sind die leeren **Eihüllen** von **Nagelrochen**, manchmal auch als **„Nymphentaschen"** bezeichnet.

NAGELROCHEN

Eihüllen vom NAGELROCHEN

FLUNDER

Fischknochen
vom Strand

FISCHRESTE
Knochige Strandfunde

Wirbel, Schuppen, Gräten, Schädelknochen... „Bauteile“ ganz verschiedenartiger Meeresfische findet man häufig zwischen Seegras, Tang oder Muscheln am Strand. Die Natur hat sie präpariert. Vielfach sind sie dann so beschaffen, dass man sie problemlos als interessantes Dekorationsmaterial verwenden kann. Bei manchen der Knochen liegt die Herkunft nahe – bei den grünen Wirbeln, die der Hornhecht hat; bei Wirbeln mit extrem langen Fortsätzen, die von einer Flunder stammen mögen …

Fischreste kommen auf unterschiedlichste Weise ins Flachwasser und von dort an den Strand. Natürlich gelangt ab und zu ein toter Fisch – oder eben die Reste davon – auf natürliche Art und Weise an den Spülsaum. Doch vielfach sind Fischer, Angler oder Fischesser daran beteiligt.

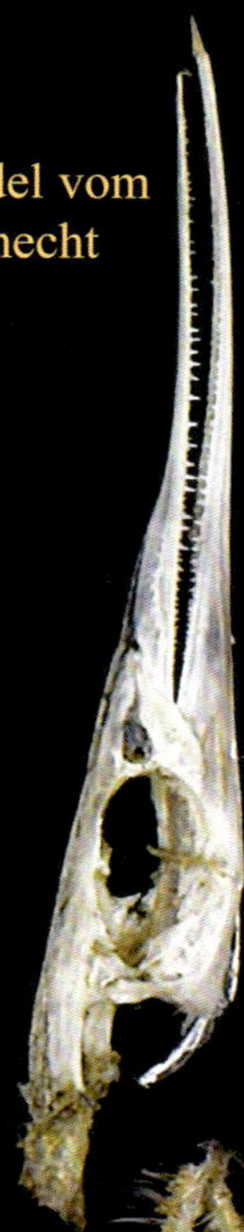

Schädel vom Hornhecht

Schädeldecke eines Fisches

Kiemenbögen eines Fisches

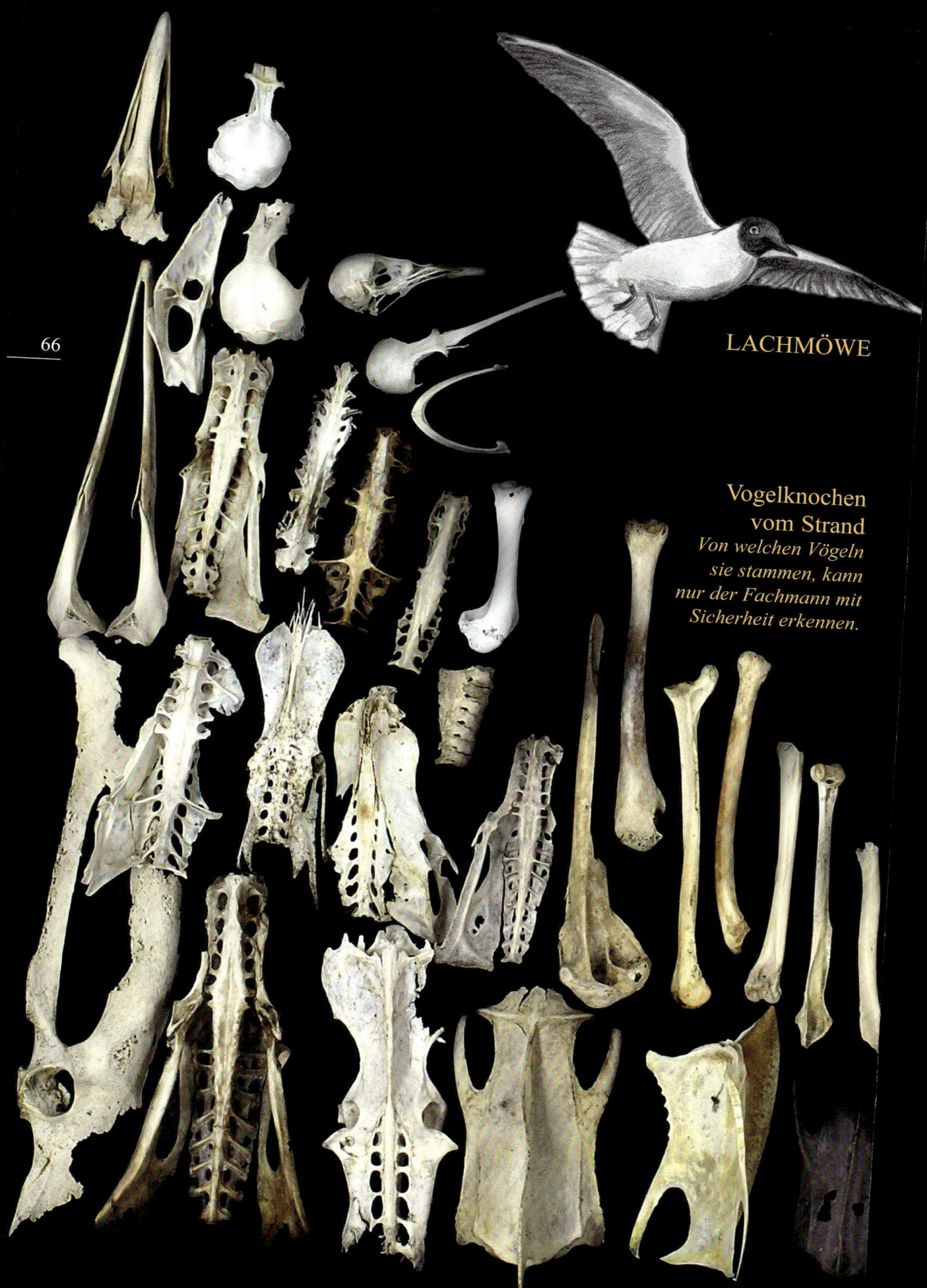

LACHMÖWE

Vogelknochen
vom Strand
Von welchen Vögeln sie stammen, kann nur der Fachmann mit Sicherheit erkennen.

VOGELRESTE
Knochen und Federn

Ja sicher: etwas makaber sieht das auf der linken Seite Zusammengelegte schon aus. Aber solche und ähnliche **Vogelknochen** (viele von Wasservögeln) sind gar nicht so seltene, ja sogar charakteristische Strandfunde. Die **Vogelfedern** vom Strand können – müssen aber nicht generell – von Wasservögeln stammen. Auch bei derartigen Funden sei es jedem Finder selbst überlassen, wie er damit umgeht.

PFLANZEN DES MEERES

Tang und Seegras findet man an vielen Stränden. Sie wachsen im Flachwasser in ausgedehnten Beständen, werden bei Sturm oft losgerissen und in Massen an den Strand geworfen. Dort liegen manchmal ganze Berge verrottender Meerespflanzen ausgerechnet an den schönsten Badestränden. Das ist nicht besonders angenehm.

Doch die Pflanzen des Meeres sind im frischen Zustand ebenso interessant wie die auf dem Festland wachsenden. Es gibt zahlreiche Arten von Meeresalgen. Mit dem Begriff „Algen“ sind hier immer die **Großalgen** gemeint.

Fast alle Großalgen wurzeln auf festem, harten Grund. Daher sind sie an den sandigen Küsten der deutschen Nordseeküste nicht ganz so häufig wie vor Felsküsten. Das Felswatt um Helgoland ist bekannt für seine üppigen Tangwälder.

Großalgen brauchen das Sonnenlicht zum Leben. Deshalb wachsen die meisten von ihnen nahe der Wasseroberfläche, in der Gezeitenzone oder unmittelbar darunter.

Neben dem **Seegras**, der einzigen echten Blütenpflanze der Nordsee, sind hier nur die wichtigsten und auffälligsten der Großalgen dargestellt – **Braun-, Rot-** und **Grünalgen.** Die stabilen Braunalgen werden allgemein auch als **Tang** bezeichnet. Wenn der Laie zu allen angespülten Algen „Tang“ sagt, nimmt ihm das der Fachmann nicht übel.

Wie bei den Landpflanzen haben auch die Algen an verschiedenen Standorten unterschiedliche **Wuchsformen.** Sie sehen also manchmal auch etwas anders aus als hier auf den Fotos.

Bei der Suche nach interessanten Algen wird man nach einem Sturm in der kälteren Jahreszeit am erfolgreichsten sein. Die dekorativen Algen sind schöne Fotomotive. Feinblättrige lassen sich pressen. Frischen Tang kann man, wenn man ihn arrangieren möchte, getrost mit der Hand anfassen – selbst wenn er manchmal etwas klebrig ist. Anderswo dient er als Nahrung.

ZUCKERTANG

Die stattlichste aller Großalgen

Die Blätter des Zuckertangs übertreffen alle anderen Nordseealgen an Größe. Sie werden über vier Meter lang und 30 Zentimeter breit. Mit einem als **Haftkralle** bezeichneten wurzelartigen Haftorgan sind sie sehr fest auf dem Hartboden verankert. Nur dort wächst der Zuckertang. Man findet ihn in sehr unterschiedlicher Wuchsform und Größe. Auf Helgoland fehlt beispielsweise die an anderen Standorten fast immer vorhandene Kräuselung der Blätter.

Die stabilen Blätter der Zuckertangs haben, so wie viele andere Tange auch, eine glibberig-schleimige Oberfläche. Das ist einerseits ein Gleitfilm. Er schützt die einzelnen Pflanzen, die meist dicht an dicht wachsen und sich im beständig bewegten Wasser unablässig aneinander reiben, vor gegenseitiger Beschädigung. Andererseits verhindert er das Austrocknen bei Ebbe und den übermäßigen Bewuchs durch andere Meeresorganismen.
Zuckertang wächst unmittelbar unterhalb der Gezeitenzone. Sein Name bezieht sich übrigens auf eine in ihm vorkommende Zuckerart (Mannit).

typische gewellte Wuchsform von Helgoland

Haftkralle (Wurzelstock)

typische gewellte und gekräuselte Wuchsform von der norwegischen Küste

Detail eines Blattes

FINGERTANG
Die schmalen Hände

Der **Fingertang** besitzt lang gestreckte, in Streifen geteilte Blattkörper, die (sehr) entfernt an die Finger einer Hand erinnern. Sie sind meist etwas schmaler als die des Palmentangs. Fingertang wächst auf felsigem Grund unterhalb der Gezeitenzone, oft in dichten „Wäldern“.

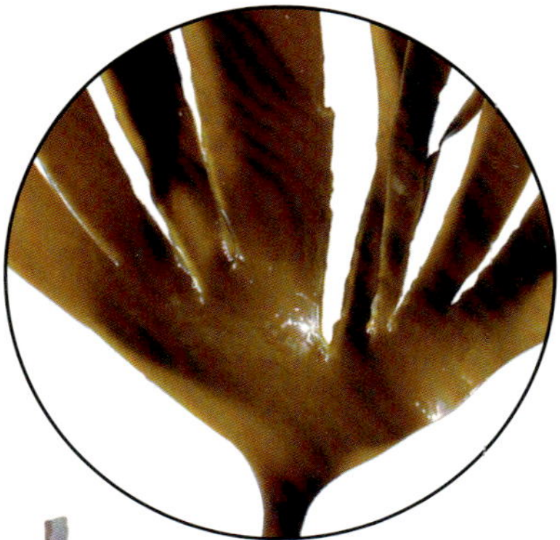

FINGERTANG
Wuchsformen
von Helgoland

Der oft etwas abgeflachte Stiel geht langsam ohne Schwung in das Blatt über. Die ganze Pflanze wird bis zu zwei Meter groß.

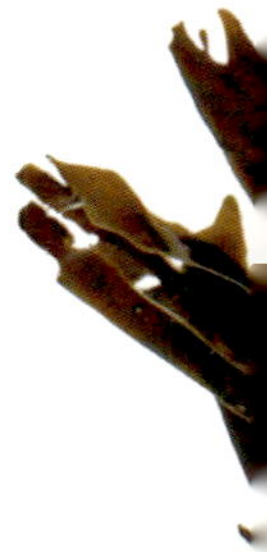

PALMENTANG

Die hohen Wedel

Der stattliche **Palmentang** ist nicht immer auf den ersten Blick vom Fingertang zu unterscheiden. Denn nicht alle seine Wuchsformen sind so typisch wie die hier abgebildeten, die an breite Palmwedel erinnern. Von der Palmwedelform kommt auch sein Name. Der kräftige Stiel kann bis eineinhalb Meter lang werden. Auch der Palmentang wächst in dichten Beständen direkt unterhalb der Gezeitenzone, oft zusammen mit Fingertang.

PALMENTANG
Wuchsformen
von Helgoland

Der runde Stiel geht mit Schwung in den herzförmigen Blattgrund über. Die ganze Pflanze wird bis zu drei Meter groß.

BLASENTANG
Der leicht Erkennbare

Der **Blasentang** ist sicher die am meisten bekannte Großalge und sehr weit verbreitet. Seine charakteristischen Luftblasen, meist paarweise angeordnet, machen ihn unverwechselbar – trotz seiner sehr unterschiedlichen Größe und Wuchsform. Am Strand angespülter Blasentag wird (wie auch manche anderen Tange) rasch dunkel, oft fast schwarz.

BLASENTANG

SÄGETANG
Der mit den scharfen Zähnen

Der im Vergleich zum Blasentang deutlich breit- und großblättrigere **Sägetang** ist durch seine ganz charakteristischen sägeförmigen Blattränder ebenso unverwechselbar wie der Blasentang. Beide Arten wachsen nicht nur auf Felsgrund, sondern auch auf Steinen, an Hafenmauern oder an Buhnen.

SÄGETANG

KNOTENTANG
Die originellen Schnüre

KNOTENTANG

RINNENTANG UND SPIRALTANG

Die dichten Büschel

Die unverkennbar geformten Schnüre des **Knotentangs** mit ihren oft daumendicken Schwimmkörpern zeigen besonders abwechslungsreiche Wuchsformen. Trotzdem erkennt man diesen in der Gezeitenzone wachsenden Tang mit seinen oft meterlangen Ästen ganz problemlos.

Die kleinen, faustgroßen Büschel des **Rinnentangs**, die nahe der höchsten Hochwasserlinie wachsen, sind dagegen eher unauffällig. Sie werden nur bei schwerem Sturm abgerissen und an den Strand gespült. Der Name Rinnentang bezieht sich auf seine rinnenförmigen Stiele.

Auch der meist handlange **Spiraltang** wächst in Bereichen, die bei Ebbe lange Zeit trocken liegen. Man erkennt ihn an seinen spiralartig gedrehten Blättern und seinen oft sehr zahlreichen, feinnoppigen „Fruchtkörpern", die manchmal in großer Menge einzeln am Strand angespült werden.

SPIRALTANG

RINNENTANG

BEERENTANG
Bote aus Fernost

Die filigranen Äste des **Beerentanges** (**Sargassotang**) können einige Meter lang werden. Wie feingliedrig sie sind mit ihren winzigen beerenartigen Schwimmkörpern, merkt man erst dann, wenn man einen der angespülten Äste ausbreitet. Dieser ursprünglich aus dem japanischen Küstengebiet stammende Tang ist heute auch in der Nordsee weit verbreitet.
Der meist schon sehr nachgedunkelte **Schotentang** hat winzige Schwimmkörper, von denen manche den Eindruck erwecken, als säßen in diesen Schötchen tatsächlich kleine Früchte. Auch bei seinen oftmals meterlangen Ästen erkennt man die Details erst dann, wenn man sie ausbreitet.

JAPANISCHER BEERENTANG

SCHOTENTANG

Der mit kleinen „Früchtchen“

SCHOTENTANG

MEERSAITEN
Ungewöhnliche Schnüre

Diese oft mehr als drei Meter langen, streichholzdünnen, unverzweigten Braunalgen findet man am Strand oft als längliche Knäuel, die aus vielen ineinander verflochtenen Exemplaren dieser besonderen Alge bestehen.
Die **Meersaite** ist eine schnurartige, sehr an die Saite eines Instruments erinnernde Großalge, die man leicht um den Finger wickeln kann. Sie zeigt sich also außerordentlich elastisch. Beim genaueren Betrachten erkennt man, dass sie nicht ganz so glatt ist, wie sie auf den ersten Blick erscheint, sondern mit einem dünnen „Pelz“ feinster Härchen bedeckt.
Meersaiten gibt es an vielen Stellen der Nordsee. Sie wachsen meist dicht an dicht auf Steinen im flachen Wasser vor der Küste. Man findet sie sowohl an Sand-, als auch an Geröllstränden, besonders im Spätsommer.

GEMEINE MEERSAITE

Die maximal nur fünf Millimeter starken Schnüre können mehr als drei Meter lang werden.

Wer ein solches Knäuel
von Meersaiten zu entwirren
versucht (das geht!),
wird erstaunt sein, wie lang
eine einzelne Saite sein kann.

MEERSALAT
Frischgrün und appetitlich

Frisch am Strand ausgeworfener Meersalat ähnelt sehr den Blättern von Salat, der auf Gartenbeeten gedeiht. Er hat das frischeste Grün aller Strandfunde, verwelkt aber sehr rasch.

Seine breiten Blätter erinnern tatsächlich eher an Blattsalat als an eine Meeresalge. An manchen Stränden der Nordsee in großer Menge angespült, zählt der **Meersalat** zu den besonders verbreiteten Arten. Die zarten, frischgrünen Blätter dieser **Grünalge** fallen am Strand sofort auf. Allerdings welken sie im Sonnenlicht sehr schnell dahin und liegen dann oft als weißliche Häute am Strand.

Meersalat wächst auch auf weichem Untergrund. Losgerissene Blätter dieser Grünalge können im stillen Wasser sogar am Meeresboden „wurzellos" weiterwachsen.

Frischer Meersalat sieht übrigens nicht nur appetitlich aus. Anderswo (beispielsweise in Skandinavien) wird er angeblich sogar gegessen.

Neben dem Meersalat gibt es auch zahlreiche andere – meist feinfasrige – Arten von Grünalgen.

MEERSALAT

MEERAMPFER
Der zarte Feine

Sein leuchtendes Rot fällt sofort am Spülsaum auf. Der **Blutrote Meerampfer** mit seinen zarten Blättchen (Foto im Kreis) gilt als eine der farbintensivsten Großalgen. Leider ist diese schöne **Rotalge** sehr empfindlich und wird im Wellenschlag schnell zerfasert. Daher sind oft nur die stabilen Rippen zu finden, die manchmal wie eine eigene Algenart erscheinen. Der Meerampfer ist nur ein Beispiel für viele andere Arten von Rotalgen, die – meist weniger auffällig – an den Stränden zu finden sind.

BLUTROTER MEERAMPFER

SEEGRAS
Blütenpflanze vom Meeresboden

Das Seegras ist die einzige echte Blütenpflanze, die es in der Nordsee gibt. Anders als die Algen wurzelt sie vorzugsweise in sandigem Grund und bildet im flachen Wasser stellenweise große Unterwasserwiesen. Dazwischen leben zahlreiche Meerestiere wie Jungfische, Krabben oder Garnelen.

Auf den Seegrasblättern wachsen Moostierchen, Polypen, Seepocken, kleine Miesmuscheln ... Seegraswiesen zählen zu den besonders artenreichen Lebensräumen am Grunde der Nordsee.

Bei Sturm werden oft große Mengen von Seegras losgerissen und an den Stränden angeschwemmt. Bei entsprechendem Wetter trocknen die frisch grasgrünen Halme recht rasch. Getrocknetes Seegras riecht angenehm – etwas nach Heu.

Erst wenn die Seegrasmassen (meist vermischt mit Algen) länger am Strand liegen, beginnen sie zu verwesen, mit Sand überdeckt sogar zu verfaulen. Dann wird das Seegras dunkel, fast schwarz.

*Die hier abgebildeten **Strandgerölle** gehören ganz unterschiedlichen Gesteinsgruppen an:*
*– den feurig-flüssig entstandenen **Magmagesteinen** mit Tiefengesteinen (z. B. Granit) und Ergussgesteinen (z. B. Porphyr),*
*– den durch Ablagerung am Meeresboden gebildeten **Ablagerungsgesteinen** (z. B. Sandstein oder Feuerstein), aus denen auch die **Fossilien** stammen,*
*– den durch hohen Druck und Hitze in der Tiefe der Erdkruste aus anderen Gesteinen entstandenen **Umwandlungsgesteinen** (z. B. Gneis).*

Auf den folgenden Seiten werden die häufigsten dieser Strandsteine vorgestellt.

STRANDSTEINE

Gesteine und Fossilien von der Nordseeküste

Die Gerölle vieler, ganz verschiedenartiger Gesteine sowie interessante Fossilien – das sind besonders beliebte Funde vom Nordseestrand. Doch nicht überall kann man sie finden. Während sie an den Stränden der Wattenmeerküste sehr selten sind, kommen sie auf Sylt, Föhr und Jütland reichlich vor. Und natürlich auf Helgoland, dessen besonderen Strandsteinen eine Doppelseite (100/101) dieses Buches gewidmet ist. Der leichte Bernstein, sicher der populärste aller Strandfunde, bildet dabei eine Ausnahme, denn ihn findet man nicht zwischen dem Strandgeröll, sondern an den Sandstränden (siehe Seiten 102 bis 105), auch auf allen Inseln.

Insgesamt werden hier aber nur jene Gesteine behandelt, die man an deutschen, dänischen und holländischen Stränden als Gerölle finden kann.

Die bemerkenswerte Vielfalt der schon auf den ersten Blick so unterschiedlichen Strandsteine ist ein Ergebnis der Eiszeit. Das Inlandeis brachte gewaltige Mengen von Gesteinen als **Geschiebe** aus den verschiedensten Gebieten Skandinaviens mit. Außerdem schürfte es auch Gesteine und Fossilien aus dem Untergrund nahe gelegener Areale aus. All das wurde als **Moränen** abgelagert, die später vom Meer aufgearbeitet wurden. So gelangten sie auch auf den Strand. In der Brandung geschliffen und gerundet liegen sie nun hier alle beieinander. Die weicheren Gesteine (wie z. B. Kalkstein) fehlen meist. Sie wurden längst im beständigen Wellenschlag zwischen den härteren Geröllen zerrieben.

STRANDGERÖLLE

BERNSTEIN

GRANIT
Das häufigste Tiefengestein

Granit entstand aus Magma, das in die Erdkruste eindrang und dort langsam erstarrte. Dabei erhielt das Gestein seine gleichmäßige Struktur. Die einzelnen kleinen, unterschiedlich gefärbten Körnchen sind die feinen Kristalle der für einen Granit typischen Minerale: **Feldspat, Quarz** und **Glimmer** – „das vergess´ ich nimmer". An manchen der vielfarbigen Granitgerölle sind diese Bestandteile gut zu erkennen. Wer ein Granitgeröll am Strand aufhebt, der hält einen Stein in der Hand, der älter ist als eine Milliarde Jahre. Er stammt mit Sicherheit aus Skandinavien.

GRANITGERÖLLE

Granit *(vergrößert): Feldspat (rot), Quarz (grau) und Glimmer (schwarz)*

GNEIS
Das häufigste Umwandlungsgestein

Auch Gneis besteht hauptsächlich aus Feldspat, Quarz und Glimmer. Er ähnelt dem Granit ebenfalls häufig in Farbe und Körnigkeit. Wichtigstes Unterscheidungsmerkmal: seine Körner zeigen eine typische streifenförmige Anordnung.

Gneis ist ein Umwandlungsgestein. Er entstand aus anderen Gesteinen, die bei Gebirgsbildungen in die Tiefen der Erdkruste gelangten und dort durch gewaltigen Druck und hohe Temperatur völlig umgewandelt wurden. So wie alle Granitarten stammen auch die Gneisgerölle aus Skandinavien. Es sind Souvenirs der Eiszeit, „Boten aus dem Norden“.

Gneis *(vergrößert): Feldspat (rosa), Quarz (grau) und Glimmer (schwarz)*

GNEISGERÖLLE

PORPHYR

Das dekorative Ergussgestein

Die dekorativen Gerölle aus Porphyr fallen sofort auf, denn in einer einheitlich gefärbten, sehr feinen Grundmasse sitzen **Einsprenglinge** wie Rosinen im Kuchen. Diese auffallenden Einschlüsse sind größere Kristalle, meist von Feldspat, manchmal auch von Quarz (Quarzporphyr). Anzahl und Größe der Einsprenglinge kann ebenso unterschiedlich sein wie die Farbe der dichten Grundmasse.

*Typischer **Quarzporphyr** aus Schweden mit großen Einsprenglingen von Feldspat (hell) und kleinen von Quarz (bläulich)*

PORPHYRGERÖLLE

verschiedene Arten aus Schweden und dem Ostseegebiet

Porphyr ist ein an oder nahe der Erdoberfläche erstarrtes Magmagestein – ein **Vulkanit**. Viele der Porphyrgeschiebe hat das Eis vom Ostseegrund südlich der Ålandinseln, aus dem westlichen Mittelschweden oder aus dem östlichen schwedischen Småland mitgebracht.

Besonders charakteristisch ist Porphyr aus dem norwegischen Oslogebiet, der – je nach der Form seiner typischen eckigen Einsprenglinge – als **Rhombenporphyr** oder als **Rektangelporphyr** bezeichnet wird.

*Typischer **Rhombenporphyr** aus dem Gebiet von Oslo mit den charakteristischen rhombenförmigen Feldspat-Einsprenglingen*

PORPHYRGERÖLLE

Rhombenporphyr und Rektangelporphyr aus dem Gebiet von Oslo

*Typischer **Sandstein** der bei Vergrößerung die einzelnen Sandkörner zeigt, aus denen er besteht*

SANDSTEINGERÖLLE

verschiedenster Art, meist erkennbar an Körnigkeit und Schichtung (oben vergrößert)

SANDSTEIN UND QUARZIT

Die körnigen Ablagerungsgesteine

Sandstein setzt sich aus winzigen, aber meist gut erkennbaren Körnchen zusammen – aus Sandkörnern. Diese bestehen fast alle aus Quarz, dem häufigsten an der Erdoberfläche vorkommenden Mineral (siehe Seite 97). Sandkörnchen bleiben übrig, wenn Gesteine verwittern. Als lockerer Sand werden sie von Bächen und Flüssen in Binnenseen, hauptsächlich aber ins Meer gespült und dort am Boden in Schichten abgelagert.

Sandstein ist ein Ablagerungsgestein, das später durch ein Bindemittel verfestigt wurde. Die Farbe erhält der Sandstein meist durch verschiedene Eisenverbindungen, denn die einzelnen Sandkörnchen selbst sind farblos bis weißlich.

Charakteristisches Merkmal der sehr verschiedenartigen Sandsteine ist ihre **Schichtung**.

Manche Sandsteine wurden durch ein kieseliges Bindemittel zementiert und dadurch zu **Quarzit** – einem der härtesten Strandsteine. Quarzit kann auch bei Gebirgsbildungen unter Hitze und Druck entstehen.

Die ältesten Sandsteine, die man am Strand findet und die aus Mittelschweden oder vom Grunde des Bottnischen Meerbusens stammen, sind etwa 1,3 Milliarden Jahre alt und meist rötlich oder rotviolett gefärbt. Neben ihnen liegen oft härtere, aber wesentlich jüngere, hellgraue Quarzite mit Lebensspuren am Strand. Manche sind etwa 540 Millionen Jahre alt, andere sehr viel jünger. Die Härte von Sandstein oder Quarzit ist also unabhängig vom Alter – das gilt auch für andere Strandsteine.

QUARZITGERÖLLE
teilweise mit Lebensspuren (links vergrößert)

HÜHNERGÖTTER

gern gesuchte, durchlöcherte Feuersteine, die als Amulett getragen werden und Glück bringen sollen

FEUERSTEIN

Der häufigste aller Strandsteine

Feuerstein kennt jeder. An manchen Stränden bestehen die meisten Gerölle aus Feuerstein: fast schwarz, dunkelgrau oder unscheinbar hellgrau. Feuerstein zählt zu den Ablagerungsgesteinen. Er entstand am Grunde eines Meeres, oder besser: im Meeresboden, im noch lockeren, feuchten Kalkschlamm. Dort kam es zur Ausscheidung von Kieselsäure, die den Kalkschlamm verdrängte, sich zu Knollen konzentrierte und schließlich steinhart wurde.

Beim genaueren Hinsehen sind Feuersteine wesentlich vielfältiger als auf den ersten Blick, nicht nur in der Form, sondern auch in ihrer Färbung, ja sogar von ihrem Alter her. Die vielen dunkelgrauen, fast schwarzen Feuersteine stammen aus der Schreibkreide, die im Untergrund Norddeutschlands und Dänemarks weit verbreitet und etwa 67 Millionen Jahre alt ist.

Am Strand finden sich aber auch geologisch ältere und jüngere Feuersteine. Die hellgrauen kommen meist aus dem Gebiet von Schonen, den dänischen Inseln und Teilen von Jütland. Dort gibt es sie in Kreidekalken aus dem Tertiär.

Viele der Feuersteingerölle sind oberflächlich verfärbt und erscheinen daher außen andersfarbig, meist heller als ihr Kern.

Feuerstein ist Siliziumdioxid ($Si0_2$) und – so wie der Quarz, der die gleiche Zusammensetzung hat – besonders hart und verwitterungsbeständig. Trotz seiner Härte splittert er sehr leicht. Diese Eigenschaft wusste man schon in der Steinzeit zu schätzen. Aus Feuerstein waren die ersten Werkzeuge des Menschen. Das spätere „Besteck“ aus Feuerstein, Stahl und Zunderschwamm war der Vorläufer unseres Gasfeuerzeuges. Mit Feuerstein schlug man also tatsächlich Feuer – womit auch der ungewöhnliche Name erklärt wäre.

FEUERSTEINGERÖLLE

von deutschen und dänischen Nordseestränden

KIESELSTEINE

weißliche, sehr harte Gerölle – reiner Quarz. Es handelt sich um die größten und stabilsten Quarzkörner aus kristallinen Gesteinen, die bei deren Verwitterung bzw. Zerstörung übrig blieben.

KIESELSTEINE UND STRANDSAND

Quarzkörner – härter als Stahl

Die weißlichen **Kieselsteine** zeigen viele Gemeinsamkeiten mit Strandsandkörnern. Beide haben denselben Ursprung und bestehen aus demselben Mineral: aus **Quarz**.

Quarz (Siliziumdioxid $Si0_2$) entsteht bei der Bildung magmatischer Gesteine, die aus feurig-flüssigen Schmelzen erstarren. In ihnen findet man den Quarz als kleine kristalline Körnchen. Sie sind, gegenüber den meisten anderen Mineralen, besonders verwitterungsbeständig und sehr hart. Quarz ist härter als Stahl! Verwittert nun solch ein quarzhaltiges Gestein, so werden die anderen Minerale zersetzt. Der Quarz bleibt übrig: einzelne größere Kieselsteine und zahllose winzige Quarzkörnchen – Strandsand.

Betrachtet man diesen **Strandsand** mit einer Lupe, so erkennt man, dass er fast ausschließlich aus gut gerundeten Quarzkörnchen einheitlicher Größe besteht. An manchen Stellen ist er ganz fein, an anderen dagegen grob. Sand wird vom Meer in perfekter Weise nach der Korngröße sortiert.

Die einzelnen Sandkörnchen sind rund, glatt und weißlich oder farblos – winzige Kieselsteine. Ein solcher Strandsand ist ganz locker und sehr porös. Er trocknet schnell und klebt nicht am Körper fest. Dass er aus dem sehr harten Mineral Quarz besteht, merkt man erst, wenn er einmal aus Versehen zwischen die Zähne kommt.

STRANDSAND

mit der Lupe betrachtet: die einzelnen millimetergroßen Körner bestehen fast alle aus Quarz.

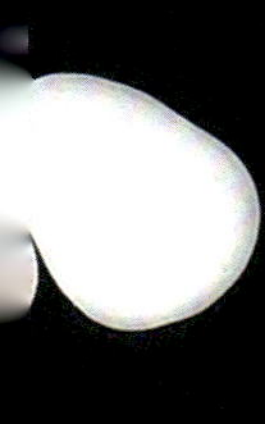

FOSSILIEN

Aus den Meeren der Vorzeit

Die am Strand gefundenen Versteinerungen sind Reste fossiler Meerestiere – Fossilien – meist aus der Kreidezeit. An der Nordseeküste gibt es sie hauptsächlich auf Jütland. Besonders fündig sind die Ufer am Limfjord. Die populärsten Fossilien sind sicherlich **versteinerte Seeigel**. Die meisten von ihnen stammen aus der Schreibkreide und haben anfangs noch die weiße, weiche Original-Kalkschale. Darunter sitzt ein sehr harter, dunkler Kern aus Feuerstein. Bei vielen der fossilen Seeigel ist die Schale in der Brandung längst abgeschliffen und nur noch der dekorative **Steinkern** mit seiner charakteristischen fünfstrahligen Zeichnung, die eigentliche „Versteinerung" übrig.

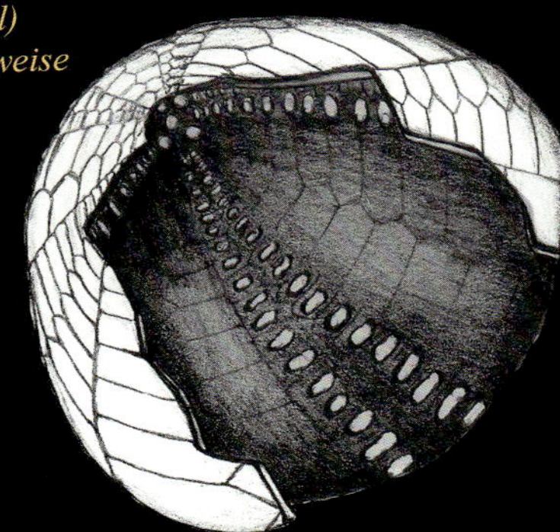

Feuersteinkern (dunkel) eines Seeigels mit teilweise noch anhaftender Original-Kalkschale (hell)

VERSTEINERTE SEEIGEL

An manchen Geröllstränden findet man die unverkennbar geformten, aus gelbbraunem Kalk bestehenden **Rostren von Belemniten**, kalmarähnlicher Tintenfische – **Donnerkeile**. Sie sind oft ebenso stark abgerollt wie die stabilen, hellen Kalkschalen der **Dickmuscheln**. Beide stammen sie aus der Schreibkreide und sind ungefähr 67 Millionen Jahre alt. Zu finden sind sie aber nur dort, wo ab und zu frisches Geröll aus den Ufern ausgewaschen wird.

DONNERKEILE

Kalkrostren von Belemniten (kalmarähnliche Tintenfische)

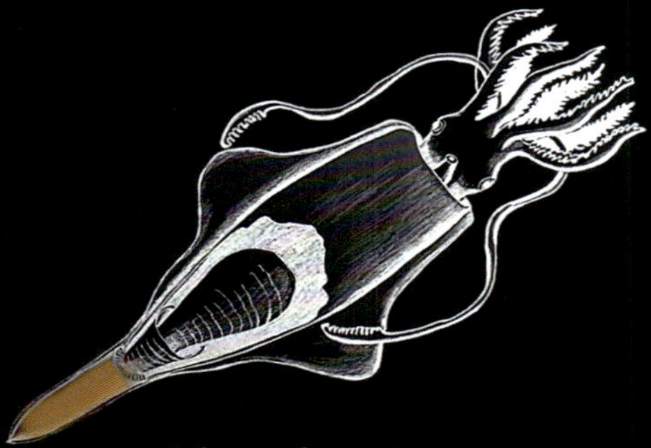

Rekonstruktion eines ausgestorbenen Belemniten – die Spitze ist das Rostrum, der Donnerkeil

SCHALEN VON DICKMUSCHELN

HELGOLÄNDER STRANDSTEINE

Die besonderen Nordseefunde

***Kreidekalk** (Kreide) mit Löchern von Bohrmuscheln (groß) und Bohrringelwürmern (klein)*

Die Strandsteine auf Helgoland sind ebenso ungewöhnlich wie das Eiland selbst. Die von einem Salzstock emporgepressten Gesteinsschichten aus Buntsandstein, Muschelkalk und Kreide bilden das Fundament der einzigartigen Nordseeinsel. Die härtesten dieser Gesteine findet man als Gerölle – hauptsächlich an den Stränden der Düneninsel: **Sandstein, Kalkstein** und **Kreidekalk;** ebenso die aus den weicheren Schichten herausgewaschenen Fossilien.

Aus den kreidezeitlichen Ablagerungen stammen außerdem die zahlreichen **Feuersteine**, die auf der Düneninsel das häufigste Strandgeröll bilden. Neben den „normalen" schwarzen und grauen Feuersteinen, von denen die meisten etwa 70 Millionen Jahre alt sind, gibt es auf Helgoland als einmalige Besonderheit **roten Feuerstein**, der rund 20 Millionen Jahre älter ist. Man findet ihn hin und wieder zwischen den anderen. Er wird – geschliffen und poliert – auf der Insel angeboten und sogar zu aparten Schmuckstücken verarbeitet.

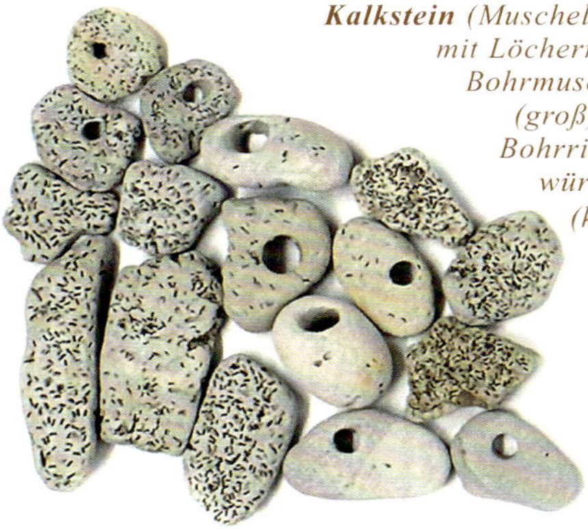

***Kalkstein** (Muschelkalk) mit Löchern von Bohrmuscheln (groß) und Bohrringelwürmern (klein)*

***Sandstein** (Buntsandstein), rot mit grünlichen Flecken*

***Feuerstein** (Kreide), schwarz und grau*

Helgoland ist bekannt durch seine **Fossilien**, die man auf der Düneninsel findet. Die häufigsten sind hier abgebildet. Sie stammen alle aus der Kreide(-zeit) – aus Schreibkreide, Kreidekalken und Mergelsteinen. Besonders beliebt bei Sammlern sind die **Helgoländer Katzenpfötchen**, Steinkerne aus Phosphorit (Kalziumphosphat). Deren gewellte Ränder zeichnen den komplizierten Bau der Luftkammern von Ammonitengehäusen nach. Leider sind sie ebenso selten wie die **Feuersteinkerne von Seeigeln.** Häufiger sind **Donnerkeile** (siehe auch Seite 99) unterschiedlicher Form und Größe zu finden.

Fossile ***Kalkröhren von Röhrenwürmern***

„Donnerkeile" Belemnitenrostren *(Reste kalmarähnlicher Kopffüßer)*

„Helgoländer Katzenpfötchen" *Ausfüllungen (Steinkerne) der Luftkammern von Ammonitengehäusen (siehe Zeichnung)*

Feuerstein, *rot (Kreide)*

Feuersteinkerne von Seeigeln

So erkennt man ihn am sichersten: Der leichte Bernstein schwimmt auf einer konzentrierten Salzlösung (rechts) – alles Andere sinkt darin zu Boden. In Leitungs- oder Meerwasser (links) sinkt auch Bernstein auf den Grund.

Bernstein liegt nicht zwischen dem Strandgeröll, sondern dort, wo ähnlich leichtes Material von den Wellen am Sandstrand ausgeworfen wird – im „Rollholz". Das findet man besonders nach Stürmen.

BERNSTEIN
Das „Gold des Meeres“

Dieser Strandstein ist etwas ganz Besonderes: Er ist viel leichter und weicher als alle Anderen. Er entstand aus dem verfestigten Harz eines Nadelbaumes vor etwa 40 Millionen Jahren im Nordosten Skandinaviens. Nach mehrfacher Umlagerung vor, während und nach der Eiszeit liegt nun viel davon am Grunde der Nordsee. Einst waren deren Strände so reich am „Gold des Meeres“, dass ihn sogar die alten Römer von hier holten. Die friesischen Inseln wurden deshalb von ihnen ***glessariae*** (Bernsteininseln) genannt.

Bernstein gibt es vor allen Dingen an den Sandstränden der deutschen und dänischen Nordseeinseln (auch auf Helgoland) sowie auf Jütland. Jede ablaufende Flut hinterlässt hier und da am Spülsaum schmale Streifen aus dunklen Bröckchen. Wer da genau hinschaut, findet bestimmt winzige Bernsteinsplitterchen.
Nach Stürmen liegen hin und wieder größere Stücke im **Rollholz**, das hier abgebildet ist. Dieses Angespül hat ungefähr die gleiche Dichte wie der Bernstein. Am besten ist Bernstein im Winterhalbjahr zu finden – nicht nur wegen der dann häufigeren Stürme, sondern auch durch das kältere Wasser, das besser trägt.

ROLLHOLZ MIT BERNSTEIN

VARIETÄTEN DES BERNSTEINS

Klargelb *nennt sich die beliebteste Varietät des Bernsteins. Größere Stücke dieser Spielart sind sehr selten.*

Die nur wenig getrübte, durchscheinende Varietät wird als flomiger Bernstein bezeichnet – kurz: ***Flom****. Flomen nennt man im Niederdeutschen Bauchfett, das geschmolzen eine ähnliche Trübung zeigt.*

Die häufigste, durchweg getrübte Bernsteinvarietät nennt man, wenig schmeichelhaft, ***Bastard.*** *Davon gibt es die meisten und größten Stücke.*

BERNSTEIN

Der begehrteste Strandfund

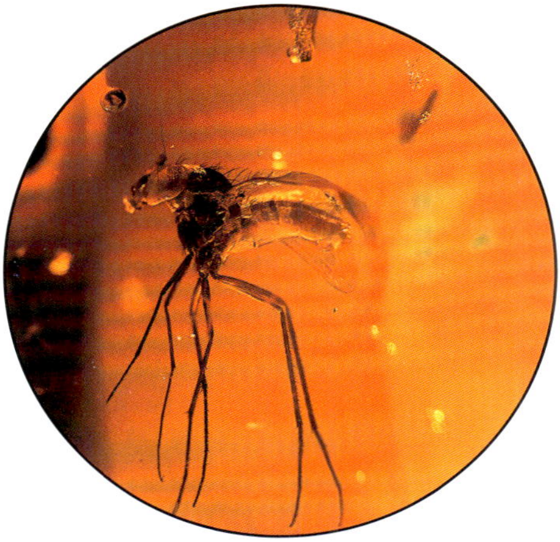

INKLUSE

*Konserviertes Leben im Bernstein: der etwa 40 Millionen Jahre alte **Einschluss** (Inkluse) einer ca. 1 cm großen Langbeinfliege im Bernstein – Inklusen sind sehr selten und nur in klaren Stücken zu finden.*

Bernstein gibt es in verschiedenen Spielarten, **Varietäten**. Sie sind aber alle das Harz jenes Baumes, der in den subtropischen Wäldern des Alttertiär vor etwa 40 Millionen Jahren ein sehr dünnflüssiges, rasch erhärtendes Harz absonderte. Die etwas eigenartigen Bezeichnungen für die einzelnen Varietäten sind alte Handelsbezeichnungen.

Bernstein ist ein weiches Material. Er lässt sich leicht schleifen, polieren, bohren und sogar sägen. Daher kann man seine eigenen Bernsteinfunde auch problemlos selbst bearbeiten. Die gefundenen Bernsteinbröckchen zu durchbohren und zur Kette zu fädeln, bereitet dabei sicher die wenigsten Probleme. Will man Bernstein schleifen, so nimmt man dazu am besten wasserfestes Schleifpapier unterschiedlicher Körnung: Mit grobem wird das Stück geformt, mit ganz feinem nachgeschliffen. Dann poliert man ihn auf einem mit Zahnpasta bestrichenen Lappen.

*Die elfenbeinartige, manchmal fast weiße Varietät heißt **Knochen**. Ursache für die Trübung (auch bei Flom und Bastard) sind mikroskopisch kleine Zellsafttröpfchen des „Bernsteinbaumes".*

*Diese wie verschmutzt erscheinende Varietät nennt man **Brack**. Sie enthält viele winzige kohlige Partikel.*

SEEGLAS
*ist natürlich **kein Gestein**,
sondern ursprünglich etwas
vom Menschen Gemachtes.
Die rundgeschliffenen Glasscherben
lassen aber nur manchmal noch
etwas von ihrer Herkunft
erkennen und verraten nichts
von ihrem Alter.*

SEEGLAS
Vom Meer geschliffen

Das Meer hat manchmal Mitleid mit uns Menschen. Blieben alle Glasscherben so an den Stränden liegen, wie sie von Natur aus sind – scharf und splittrig – dann wären Strandwanderungen und Badeurlaub eine gefährliche Sache. Aber zerschlagene Gläser aller Art werden im Wellenschlag beständig hin und her geworfen. Dabei schleifen die härteren, aus Quarz bestehenden Sandkörner das Glas in relativ kurzer Zeit. So wird es alsbald „entschärft“ und seine Oberfläche rau. Zwischen dem Kies am Strand erscheint es fast wie ein Naturprodukt. Es wird wohl auch deshalb so gern als „**Seeglas**“ von den Strandwanderern gesammelt.

SAMMELN UND BEWAHREN

Andenken an Strandwanderungen

Viele der Strandfunde lassen sich, wenn man sie mit nach Hause nehmen möchte, einfach in die Tasche stecken. Manche wollen sorgfältig verpackt sein – sie sind sehr zerbrechlich. Andere dagegen, die im Folienbeutel transportiert werden, muss man anschließend noch trocknen. Daheim die Funde zu sichten, zu sortieren und zu bestimmen – das ist, nach dem Finden, schon die zweite Freude. Und sicher hat man geeignete Gefäße, Rahmen oder Kästchen sowie einen passenden Platz für die wirkungsvolle Präsentation.

So aufbewahrt und mit etwas Fantasie selbst dekoriert, sind die eigenen Strandfunde natürlich etwas ganz Besonderes, etwas nicht Käufliches – bleibende Erinnerungen an Wanderungen am Nordseestrand. Das kann dann eine tägliche Freude sein.

REGISTER
Alles in diesem Buch

MEHR WISSEN

Weiterführende Literatur

HAYWARD/NELSON-SMITH/SHIELDS: Der neue Kosmos-Strandführer; Franckh-Kosmos Verlag 2007

JANKE, K. & B. P. KREMER: Düne, Strand und Wattenmeer; Franckh-Kosmos Verlag 2005

KREMER, B.P., F. GOSSELCK & K. JANKE: Der große Kosmos-Naturführer Strand und Küste Nord- und Ostsee; Franckh-Kosmos Verlag 2005

LINDNER, G.: Muscheln und Schnecken sammeln und bestimmen; BLV Buchverlag 2008

QUEDENS, G.: Strand und Wattenmeer; BLV Buchverlag 2003

REINICKE, R.: Bernstein – Gold des Meeres; Hinstorff Verlag 2008

REINICKE, R.: Feuersteine Hühnergötter; Demmler Verlag 2009

RUDOLPH, F.: Strandfunde sammeln und bestimmen; Wachholtz Verlag 2007

SMED, P. & J. EHLERS: Steine aus dem Norden Geschiebe als Zeugen der Eiszeit in Norddeutschland; Gebrüder Borntraeger Verlag 2002

TÜRKAY, M.: Wattenmeer; Kleine Senckenberg-Reihe Nr. 29, Schweizerbart´sche Verlagsbuchhandlung 1998

Foto: Grit Schreiter

AUTOR
und Mitarbeiterin

Seit vier Jahrzehnten sind sie gemeinsam an der Küste unterwegs – der Autor **Rolf Reinicke** und seine Ehefrau **Inge Reinicke.** Sie sind sehr weit gewandert, haben dabei fotografiert, gesammelt und dokumentiert – besonders auch an der Nordsee. Tausende von Funden brachten sie von ihren ausgedehnten Strandwanderungen mit nach Hause, so auch alle in diesem Buch abgebildeten.
Der Geologe Rolf Reinicke (geb. 1943) gilt als hervorragender Kenner der gesamten Nord- und Ostseeküste und als exzellenter Landschaftsfotograf. Für seine zahlreichen Bücher – auch für dieses – lieferte er alle Fotos und Texte, seine Frau die Zeichnungen. Gemeinsam arrangierten sie ihre eigenen Funde.